# Tarif und Technik des staatlichen Fernsprechwesens

Beitrag

zur

## Systemfrage der technischen Einrichtungen

von

### Ingenieur Hans Carl Steidle

Kgl. Bayer. Oberpostassessor, München

I. Teil

Mit 29 Abbildungen

**München** und **Berlin**

Druck und Verlag von R. Oldenbourg

1906

# Einleitung.

Die eingehende, fast vier Jahre zurückreichende Befassung mit der in der vorliegenden Arbeit behandelten Materie ist in erster Linie auf die Anschauung des Verfassers zurückzuführen, daß ein klares fachmännisches Urteil in der Systemfrage der staatlichen Telephonumschalteinrichtungen wohl nur auf Grund einer ernstlichen, bis in die letzten Einzelheiten gehenden Durcharbeitung des Problems möglich ist. Die genannte, bei dem bevorstehenden Systemwechsel für zahlreiche Anlagen so wichtige Frage war von zwei Gesichtspunkten aus, welche die Anwendung eines aus Handbetriebszentrale und automatischen Unterzentralen bestehenden Umschaltesystems für den staatlichen Fernsprechbetrieb am geeignetsten erscheinen ließen, zu erörtern; einmal handelte es sich um den Ersatz der kleinen Handbetriebsumschalter auf dem Lande durch automatische Gruppenumschalter zu dem Zwecke, der Landbevölkerung die Fernsprecheinrichtungen möglichst in gleichem Maße zugänglich zu machen wie den Teilnehmern in größeren Städten. Von diesem Gesichtspunkte aus darf die Frage des gemischten Umschaltesystems als a k u t bezeichnet werden; als Begründung diene die Tatsache, daß die bei den gegenwärtigen Einrichtungen gegebene beschränkte Benützungsmöglichkeit des Telephons seitens der an kleine Überlandzentralen angeschlossenen Teilnehmer mißlich empfunden werden muß, sowie der Umstand, daß für viele, die.

1*

außer dem unmittelbaren Bereiche staatlicher Umschaltestellen gelegen, in kleinen Gruppen mit einer gemeinsamen Anschluß-leitung an die nächste Zentrale leicht auskommen würden, die Frage der manuellen Umschaltung durch einen der Teilnehmer zu unüberwindlichen Schwierigkeiten führt. Es muß demnach die ernstliche Befassung mit dem Problem des automatischen Gruppenstellensystems heute schon mehr als eine dringende Aus-gabe, denn als eine interessante Studie erscheinen; das andere Mal wurde die Anwendung des automatischen Gruppenstellen-systems aus Anlaß der beim Hauptanschlußsystem gegebenen unrationellen Ausnützung des Leitungsnetzes und der Zentralen-einrichtungen für ganz große Telephonanlagen in Betracht ge-zogen; dabei ist der Verfasser in Übereinstimmung mit der in populären Presseaufsätzen schon mehrmals zum Ausdruck ge-brachten Anschauung von der Überzeugung ausgegangen, daß der gegenwärtige Ausbau der Stadttelephonnetze noch mit einer großen Entwicklung zu rechnen hat, sobald durch eine bessere Ausnützung der wertvollen Leitung[1]) und des Multiplexapparats eine wirksame Gebührenermäßigung ermöglicht wird, mit einer Entwicklung, deren Fortschreitungsgesetz gerade durch die Frage des automatischen Gruppenstellensystems wesentlich mitbestimmt werden wird und daher aus dem vorhandenen, einschlägigen statistischen Material nicht erschlossen werden kann. Als unmittelbare Folge dieser Anschauung ergibt sich dann, daß das praktische Bedürfnis nach einem brauchbaren Selbstanschlußgruppenstellensystem sich nicht etwa aus der vorliegenden Wachstumsstatistik großer Tele-phonanlagen ableiten läßt, da ja die Wachstumsfunktion mit der Einführung des Gruppenstellensystems und der daraus fol-genden Gebührentarifermäßigung in nicht vorher bestimmbarer Weise sich ändert; denn zweifellos kann der im Verkehrsleben schon oft bewiesene Satz, daß mit Erleichterung der Verkehrs-

---

[1]) Bei der gegenwärtigen Betriebsweise der Fernsprechanlagen liegen die Leitungen im Durchschnitt mehr als 23 Stunden pro Tag unbenützt im Boden bzw. an Gestängen!

gelegenheit die Inanspruchnahme der Verkehrsmittel rasch zu-
nimmt, auf die Fernsprecheinrichtungen in hervorragendem Maße
Anwendung finden.[1]) Man sieht also, daß im Grunde genommen
die Frage des automatischen Gruppenstellensystems für große
Telephonanlagen heute ebenso wichtig ist wie für den Ersatz
der kleinen Handbetriebsvermittlungsanstalten, auch wenn dieselbe hier zunächst noch nicht eine praktische Rolle bei der

---

[1]) Es liegt hier der Einwand nahe, daß der geringere Zugänglichkeitsgrad zur Handbetriebszentrale, welchen die Selbstanschlußgruppen-
stelle dem Zentralhauptanschluß mit selbständiger Leitung gegenüber
aufweist, allein schon die Nachfrage nach Gruppenanschlüssen in be-
scheidenen Grenzen halten wird, da für derartige Sprechstellen die
Fälle, in welchen die Gespräche nicht im Augenblick des Wunsches
nach einer Verbindung abgewickelt werden können, sich häufen. Ich
möchte es nicht unterlassen, diesem für die Beurteilung des praktischen Wertes der Gruppenstellen so wichtigen Einwande gleich hier
durch folgende, aus den Verkehrsverhältnissen des Trambahnbetriebs
entnommene Betrachtung zu begegnen.

Wenn jemand in der Absicht, die Trambahn zu benützen, sich an
eine Trambahnhaltestelle begibt, so wird er in der Regel an dieser
nicht augenblicklich Gelegenheit zur Fahrt bekommen, sondern vielmehr einige Minuten bis zur Ankunft eines Wagens sich gedulden
müssen. Die hieraus sich ergebende Wartezeit wird aber unter Umständen noch dadurch verlängert, daß der nächste an der betreffenden
Haltestelle vorfahrende Wagen schon besetzt ist. Es ist nun Sache
einer vernünftigen Betriebsorganisation, dafür Sorge zu tragen, daß die
aus den erwähnten Umständen für das Publikum resultierende Wartezeit in einem der Inanspruchnahme des Verkehrsmittels entsprechenden
Verhältnis niedrig gehalten wird; wie nun bekannt, wird dies dadurch
erreicht, daß die Betriebsdichte durch entsprechende Wahl eines 20,
15, 10, 5 oder 3 Minutenbetriebes dem Verkehrsbedürfnis angepaßt
wird. Die stete Dienstbereitschaft des Verkehrsmittels ist also an-
genähert nur da dem Publikum zugesichert, wo dieses für die gleich
stete Inanspruchnahme Gewähr gibt, denn nur so ist ein möglichst
wirtschaftlicher Betrieb eines Unternehmens erzielbar. Es wird sich
daher billigerweise auch niemand darüber aufhalten können, wenn im
Zentrum einer Stadt die Wartezeiten wesentlich geringer sind als an
der Peripherie. Wenn wir nun dieses Bild aus dem Trambahnbetrieb
auf die Betriebsverhältnisse bei Gruppenstellen in Fernsprechanlagen
übertragen, gelangen wir zu folgender Betrachtung:

Projektierung in nächster Zeit zu errichtender Anlagen zu spielen vermag; denn die Frage, ob bzw. in welchem Grade ein zur Einführung empfohlenes Gruppenstellensystem jene Eigenschaften besitzt, welche eine wirksame Tarifermäßigung und damit die erwartete beschleunigte Entwicklung des Fernsprechwesens gewährleisten können, läßt sich endgültig nur aus dem Ergebnis eines praktischen Versuchs beantworten. Daher begreiflicherweise das lebhafte Interesse für die Arbeiten der Technik auf dem Gebiete des selbsttätigen Gruppenstellensystems!

Aus Betrachtungen solcher Art rechtfertigt sich wohl der verhältnismäßig große Aufwand an freier Zeit für die Bearbeitung der Frage, auch wenn der aufgewendeten Arbeit nur ein kleiner Schritt vorwärts entspräche, etwa zunächst nur der Erfolg, daß auf Grund des bei der Studie so recht zutage getretenen spezi-

---

Der Teilnehmer einer Gruppenstelle wird, wenn er in der Absicht, ein Gespräch zu führen, sich an seinen Sprechapparat begibt, die Leitung unter Umständen zunächst belegt finden; er wird einen an seinem Apparat befindlichen Schalter umlegen und damit die selbsttätige, akustische Rückmeldung nach Freiwerden der Leitung veranlassen. Ist die Leitung frei geworden, so kann ebenso wie beim Trambahnbetrieb eine weitere Wartezeit dadurch entstehen, daß der gewünschte Teilnehmer sich nun gerade mit einem anderen Teilnehmer des Fernsprechnetzes im Gespräch befindet; in diesem Falle wird die Verbindung, wie aus dem technischen Entwurfe in vorliegender Schrift ersehen werden kann, vormerkweise hergestellt, so daß der Teilnehmer sich nunmehr um dieselbe nicht weiter mehr zu kümmern hat, da er sicher ist, im ersten Augenblick des Freiseins der Verbindung sein Gespräch abwickeln zu können. Wie beim Trambahnbetrieb in verkehrsreichen Bezirken die Wartezeit durch beschleunigte Wagenfolge zu einem Minimum gemacht wird, so wird diese auch im Fernsprechverkehr bei Sprechstellen mit hoher Gesprächsziffer dadurch ein Minimum, daß die Zahl der an eine Unterzentrale angeschlossenen Teilnehmer umgekehrt proportional der mittleren Gesprächsziffer der Gruppenstellen gewählt wird. Der Vergleich der beiden Verkehrsbilder liefert ein Zweifaches:

1. Das Gruppenstellensystem gestaltet den Fernsprechbetrieb den übrigen Betrieben der Verkehrsanstalten konform und eben damit ökonomisch.

fisch verwaltungstechnischen Charakters des ganzen Problems die Bearbeitung desselben seitens des Verwaltungsingenieurs auf neue, der Beurteilung der Frage förderliche Gesichtspunkte geführt hat. Das eine aber darf jetzt schon als ein praktisches Ergebnis des vorliegenden technischen Entwurfs angesehen werden, daß die Betriebsbedingungen, welche aus dem Studium der Frage als grundlegend für die Erzielung des angestrebten wirtschaftlichen Erfolgs erkannt wurden, bei der praktischen Ausführung des Systems auch entsprechend Berücksichtigung gefunden haben und damit wenigstens der praktischen Erprobung nicht schon von vornherein prinzipielle Bedenken entgegenstehen müssen.

Schließlich darf ich hier noch anfügen, daß mir dank des Interesses, welches von höchster Stelle der Sache entgegen-

2. Die beim Gruppenstellenbetrieb wie bei den übrigen Verkehrseinrichtungen notwendigerweise auftretenden Wartezeiten können gerade im Fernsprechverkehr am wenigsten störend empfunden werden, da dieselben meistens eigentlich keinen Zeitverlust darstellen; die Gruppenstellenteilnehmer können ja während der Wartezeit in vollkommen ungestörter Weise ihren Obliegenheiten nachkommen, da die Arbeitsstelle von dem Orte, an dem das Telephon sich befindet, zumeist nicht weit entfernt ist und der Aufruf des Teilnehmers nach hergestellter Verbindung vom Amte aus erfolgt.

Bedenkt man nun, daß der Verkehr zweier Sprechstellen mit hoher Gesprächsziffer trotz der selbständigen Anschlußleitungen auch heute schon nur unter Zubilligung von oft erheblichen Wartezeiten möglich ist, wobei noch wegen des Fehlens von technischen Einrichtungen zur vormerkweisen Verbindung die Aufgabe, den geeigneten Zeitpunkt für das Gespräch zu finden, dem Teilnehmer zufällt und so tatsächlich für diesen ein Zeitverlust sich ergibt, so wird man aus dem variablen und von der Gesprächsziffer abhängig gemachten Zugänglichkeitsgrad zum Handbetriebsamt nach vorstehendem ein Bedenken gegen das Gruppenstellensystem wohl nicht mehr ableiten. Es bleibt ja dem Einzelnen auch nach Einführung des Gruppenbetriebes in Fernsprechanlagen unbenommen, für sich eine eigene Anschlußleitung zur Handbetriebszentrale zu mieten, wenn er die Wartezeit im Fernsprechverkehr möglichst abkürzen will und in der Lage ist, die entsprechende Gebühr an die Verwaltung zu bezahlen.

gebracht wird, Gelegenheit gegeben war, seit etwa einem Jahre mich fast ausschließlich mit der Vollendung des vorliegenden Entwurfs zu befassen und hierdurch sowie durch die eingehende Mitarbeit der Kgl. Telegraphenwerkstätte die Arbeit namentlich nach der konstruktivtechnischen Seite besonders rasch fortschreiten konnte.

Die Ausführung der zu den Vorversuchen im Laufe der ganzen Untersuchung erforderlichen zahlreichen Versuchsapparate sowie der zur praktischen Erprobung des gemischten Umschaltesystems entworfenen und im Text abgebildeten technischen Einrichtungen[1]) mit Ausnahme des automatischen Spannungsteilers für die Stromversorgungsanlage hat die Firma Felten & Guilleaume, Lahmeyerwerke, A.-G., Zweigniederlassung Nürnberg, übernommen.

München, im August 1906.

**Der Verfasser.**

---

[1]) Die gesamten technischen Einrichtungen des in der vorliegenden Schrift beschriebenen gemischten Systems inklusive des automatischen Spannungsteilers für die Stromversorgungsanlage sind in der diesjährigen Jubiläumslandesausstellung zu Nürnberg betriebsbereit von der Kgl. bayer. Telegraphenverwaltung ausgestellt.

# Inhaltsverzeichnis.

# Verzeichnis der Textfiguren.

---

# Anhang.

**Tabellen der Bedienungs- und Schaltvorgänge nebst den zugehörigen Stromlaufbeschreibungen und Zeichnungen.**

# I. Teil.

# Die wirtschaftlichen Grundlagen des gemischten Systems.

### (Handbetriebszentrale mit automatischen Unterzentralen.)

Die vom Staate pro Anschluß einer Fernsprechanlage mit Handbetrieb aufzuwendenden jährlichen Betriebsausgaben[1]) lassen sich in übersichtlicher Weise durch nachstehendes Diagramm zur Darstellung bringen.

Während der für die Unterhaltung der technischen Einrichtungen in Ansatz zu bringende Kostenaufwand, wie die aus

---

[1]) Bemerkungen zu dem Betriebskostendiagramm: In den graphischen Darstellungen der Fig. 1, 2 und 3 liegen die die Betriebsausgaben darstellenden Punkte auf geraden bzw. krummen Linien; streng genommen bilden den geometrischen Ort der Betriebsausgaben die Punkte einer Fläche, deren Schnitt senkrecht zur $X-Y$-Ebene den Einfluß der Größe der Anlage auf die Betriebsausgaben pro Anschluß erkennen läßt. Die Darstellungen der Fig. 1, 2 und 3 bezeichnen einen Parallelschnitt zur $X-Y$-Ebene für eine Teilnehmerzahl von etwa 30 000.

Weiterhin liegen den Diagrammen folgende Annahmen zugrunde:

1. Mittlere Anschlußlänge: 2 km (inkl. Zuschlag aus dem Verbindungssystem);
2. Verhältnis zwischen den Apparatenanschaffungskosten der Teilnehmer- und Zentraleneinrichtung beim vollautomatischen und Handbetriebssystem = 2 : 1.
3. Verhältnis zwischen dem Anschlußwert des reinen Handbetriebszentralensystems und jenem des gemischten Systems: 1 : 2,5 bei einer mittleren Gesprächsziffer von 10.

Hinsichtlich des Absolutwertes der einzelnen Größen ist zu bemerken, daß die einschlägigen Annahmen zum Nachweise der Irrigkeit

Grenzwertszahlen moderner Handbetriebsanlagen konstruierten Linienzüge des Diagramms (in Fig. 1) erkennen lassen, praktisch nur unerheblich von der Gesprächsziffer beeinflußt wird, erscheinen die für die Umschaltung in der Fernsprechzentrale zu berechnenden Beträge der mittleren Gesprächsziffer direkt proportional, so daß beispielsweise in einer Fernsprechanlage mit niedriger Gesprächsziffer ersterer, in einer Fernsprechanlage mit sehr hoher Gesprächsziffer letztere den Hauptanteil an den Gesamtbetriebskosten ausmachen.

Die Tarifbewegung im staatlichen Fernsprechwesen wird nun im wesentlichen von folgenden zwei Gesichtspunkten beherrscht:

1. von der Tendenz, die Einheitssätze für die Überlassung von Fernsprechanschlüssen an Private möglichst zu ermäßigen, d. h. also, die Summe $a + b + c$ auf ein Minimum herabzusetzen, und

2. von der Tendenz, den Proportionalitätsfaktor zwischen der vom Staate den Privaten zu leistenden Nutzarbeit und den hierfür von letzteren zu entrichtenden Gebühren[1]) durch Einführung des Einzelgesprächstarifs möglichst konstant zu machen; mit Bezugnahme auf die gegebene graphische Darstellung der Betriebsausgaben heißt dies soviel, als daß das Bild der Einnahmen jener Darstellung möglichst geometrisch ähnlich sein soll.

Diese beiden Gesichtspunkte ergeben sich als natürliche Folge des allen staatlichen Unternehmungen gemeinsamen Grund-

---

der viel verbreiteten Anschauung, daß die Umschaltekosten bei den Betriebsausgaben dominieren, absichtlich möglichst tief angesetzt sind und wohl nur durch die vollkommensten Einrichtungen werden verwirklicht werden können. Außerdem treten zu den gegebenen Betriebszahlen noch Zuschläge für die Verwaltung des ganzen Betriebs hinzu, deren Abhängigkeit vom System der technischen Einrichtungen nicht nennenswert ist und deren Zahlenwert deshalb hier nicht näher untersucht wurde.

[1]) Bezüglich der in den verschiedenen Ländern zurzeit geltenden Gebührensätze für die Teilnahme an den Fernsprechanlagen siehe: Dr. Hans Schwaighofer: ›Die Grundlagen der Preisbildung im elektrischen Nachrichtenverkehr‹ S. 106 bis 140. München 1902. Lindauersche Buchhandlung (Schöpping). Desgl.: Journal telegraphique 1904, Nr. 12, S. 280 ff.; 1905, Nr. 2, S. 41 ff., Nr. 3, S. 87, Nr. 5, S. 159.

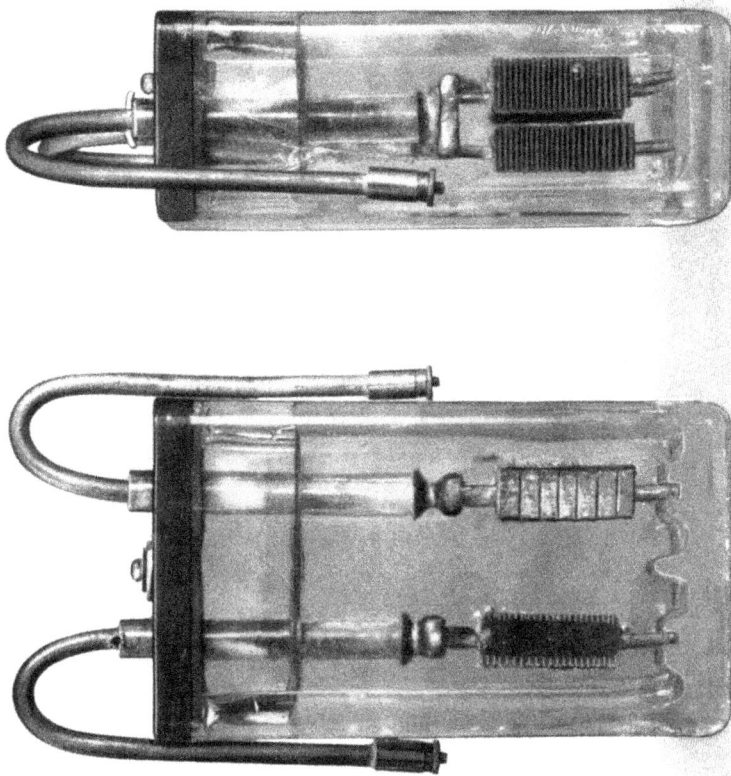

Mikrophonzelle für Fernsprechapparate.

Gefäßdimensionen: Länge 90 mm, Breite 55 mm, Höhe 155 mm.

Druck und Verlag von R. Oldenbourg, München.

satzes, bei denselben auf die Wahrung des Allgemeininteresses weitestgehende Rücksicht zu nehmen, d. h. die wirtschaftlichen Vorteile staatlicher Einrichtungen möglichst allen Bevölkerungskreisen des Landes zugute kommen zu lassen.

Inwiefern läßt nun die Fernsprechtechnik bei den gegenwärtig gegebenen Mitteln die Anpassung an die Tarifbewegung zu, und welche Aufgaben hat sie mit Rücksicht darauf noch zu erfüllen?

Zur Erörterung dieser Frage vergegenwärtigen wir uns zunächst die modernen Betriebsmittel der Fernsprechtechnik.

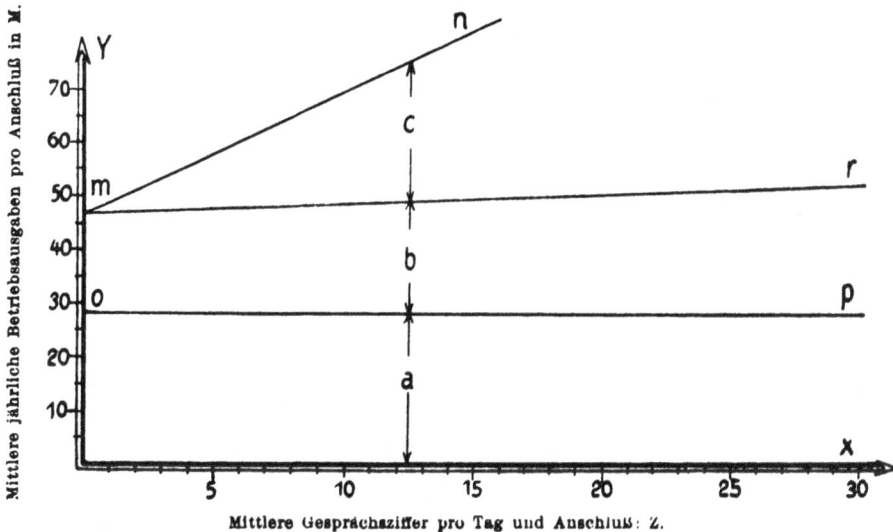

Fig. 1.

a = Jährliche Kosten für die Unterhaltung der Leitungen inkl. Verzinsung und Abschreibung des Anlagekapitals pro Anschluß.
b = Jährliche Kosten für die Unterhaltung der Apparate inkl. Verzinsung und Abschreibung des Anlagekapitals pro Anschluß.
c = Jährliche Kosten für die Umschaltung inkl. Zuschlag zur Deckung der Pensionslasten pro Anschluß.

## A. Leitungsbau.

An Stelle der oberirdischen Stadtfernsprechnetze tritt immer mehr und mehr der unterirdische Leitungsbau, welcher dank der Entwickelung eines neuen, von dem Kgl. Oberpostassessor Ingenieur W. Schreiber in München erdachten Systems der Leitungsverteilung bei einem Minimum an Materialaufwand jene Beweglichkeit in der Anschlußmöglichkeit gestattet, welche zur wirtschaftlichen Anpassung an die veränderliche Verteilung der Sprechstellen erforderlich ist. Die hieraus folgenden wesentlichen Einsparungen an Anlagekosten im Zusammenhalte mit einer erheblichen Reduktion der Unterhaltungskosten gegenüber dem Betriebe mit oberirdischen Leitungsanlagen setzen die Größe $a$ jährlich mehr und mehr herab.

## B. Die Apparatentechnik.

Während über die Wahl des Systems im modernen Leitungsbau der Ortsnetze insofern heute allgemein Klarheit besteht, als das System der vollständig unterirdischen Zuführung jedenfalls als das erstrebenswerte Ziel anerkannt wird, ist nach der apparatentechnischen Seite hin eine ausgesprochene Richtung noch keineswegs zutage getreten. Vielmehr gibt die moderne Schwachstromtechnik heute verschiedene Mittel zur Erzielung einer möglichsten Abminderung der Betriebskosten an die Hand, ohne daß sie jedoch zunächst einem bestimmten von diesen den wirtschaftlichen Vorzug in überzeugender Weise einzuräumen vermag.

So tritt dem in Europa zurzeit noch vorherrschenden Einzelbatteriesystem mit Induktoranruf das aus Amerika stammende Zentralmikrophonbatteriesystem gegenüber und führt sich dank seiner unverkennbaren technischen und wirtschaftlichen Vorteile vor ersterem mehr und mehr ein. An seiner Entstehungsstelle aber scheint es heute schon wieder von dem »Automatischen Umschaltesystem« in den Schatten gestellt, welches durch vollständige Entbehrlichmachung jeglichen Umschaltepersonals jenes noch um ein wesentliches an Ökonomie übertreffen will.

Angesichts dieser regen Entwickelung der Fernsprechtechnik in der Gegenwart und im Hinblick auf die in vielen größeren Städten gerade jetzt bevorstehende Systemänderung im Umschaltemechanismus ergibt sich ganz von selbst die Anregung zu Gedanken darüber,

    1. inwieweit durch das eben in voller Entwickelung begriffene Zentralmikrophonbatteriesystem an Stelle des bestehenden Einzelbatteriesystems der Tariffrage Rechnung getragen wird,

2. des weiteren zu der nicht minder interessanten Frage, ob in dem bei den einzelnen staatlichen Verwaltungen im Werke stehenden Systemwechsel die Beibehaltung des Handbetriebes lediglich durch die im Staatsgroßbetriebe naturgemäß gegebene Notwendigkeit, stark sprungweise Richtungsänderungen zu vermeiden, begründet ist, oder ein integrierendes Moment auch für die künftige Entwickelung der Fernsprechtechnik bezeichnen wird, endlich

3. zu Erörterungen darüber, ob und auf welche Weise gegebenenfalls die mit den bekannten Handbetriebs- und automatischen Umschaltesystemen zu erzielenden technischen und wirtschaftlichen Ergebnisse sich durch geeignete Mischung beider Systemarten etwa noch günstiger gestalten lassen und so unter Umständen eine noch vollkommenere Anpassung der Technik an die Tarifbewegung möglich erscheint.

Zur Klarstellung der unter Ziffer 1 berührten Frage stellen wir zunächst die Vorteile des Zentralmikrophonbatteriesystems vor dem bestehenden Einzelbatteriesystem fest.

Als solche sind hervorzuheben

### 1. Für Neuanlagen:

Verbilligung der Sprechstelleneinrichtung durch den Wegfall jeglicher Stromquelle, daher dessen Überlegenheit bei der Einrichtung großer Fernsprechanlagen mit vorwiegend reinem Hauptanschlußsystem. Bei Fernsprechanlagen mit Nebenstellensystem erhöhen sich die Anlagekosten gegenüber dem reinen Hauptanschlußsystem, und zwar in der Weise, daß bei einem Verhältnis der Hauptstellen zu den Nebenstellen von 2 : 1 der Vorzug des Zentralmikrophonbatteriesystems vor dem Einzelbatteriesystem nach dieser Richtung hin verschwindet.

### 2. Für die Unterhaltung und den Betrieb der Anlagen:

Verbilligung der Sprechstellenunterhaltung durch den Wegfall der Sprechstromquellen (Trockenelemente).

Technische Verbesserung des Betriebes, sofern die Stromversorgung für alle Sprechstellen jederzeit einer zentralisierten
Kontrolle untersteht und somit eine möglichste Gleichartigkeit
in der Lautübertragung bei allen Sprechstellen gewährleistet
erscheint.

Verbilligung der Umschaltung bei der Zentrale und damit
in Zusammenhang stehende Reduzierung des Anlagekapitals für
die Zentralen durch die mit der automatischen doppelten Schluß-
zeichengabe ermöglichte Beschleunigung in der Bedienung.

Aus der vorstehenden Aufstellung geht klar hervor, daß das
Zentralmikrophonbatteriesystem einzig auf den ersten Gesichtspunkt der Tarifbewegung Bedacht nimmt, und zwar auch nur
nach der apparatentechnischen Seite hin. Es strebt durch Reduzierung der Apparatenanschaffungskosten und Verbilligung der
Betriebsmittel die Herabsetzung der Einheitssätze des Tarifs an
und damit bezeichnet es seinen wesentlichen Unterschied gegenüber dem bestehenden System. Auf das in der Einleitung zu
der vorliegenden Studie gebrachte Diagramm der Betriebsausgaben bezogen, bedeutet demnach die Einführung des Zentralmikrophonbatteriesystems die Abminderung der Gesamtkosten
durch günstige Beeinflussung der Größen $b$ und $c$. Bezüglich
des zweiten Gesichtspunktes der Tarifbewegung bleibt das neue
Zentralmikrophonbatteriesystem aber technisch ebenfalls noch
hinter den zu stellenden Anforderungen zurück, wenn auch nicht
so wie das bestehende Umschaltesystem.

Auch beim Zentralmikrophonbatteriesystem der gegenwärtigen Konstruktion ist die persönliche Registrierung der
Einzelgespräche für Grundgebührenteilnehmer notwendig und
damit die Gesprächskontrolle durch das Umschaltepersonal erforderlich.[1] Die wichtige und in der Fachliteratur sowie in öffent-

---

[1] Die Registrierung erfolgt seitens der Beamtinnen auf besonderen Zählstreifen, welche mit Rufnummernfeldern versehen sind. Der
Mehraufwand an Zeit für die Bedienung pro Verbindung gegenüber
der Bedienung beim Bauschgebührensystem berechnet sich aus der
zusätzlichen Arbeitsleistung des Amtes für die Kontrolle der Verbindung auf wunschgemäßes Zustandekommen sowie für die Eintragung
der Zählstriche in die einzelnen Rufnummernfelder der Zählstreifen.
Den letzteren Anteil an der zusätzlichen Arbeit des Amtes bei Be-

lichen Debatten schon mehrmals angeschnittene Frage nach einer praktisch brauchbaren Art und Weise, die Gespräche ohne Beihilfe des Amtes nach der jeweils sich einstellenden Rechtslage zu registrieren, wird durch den in Rede stehenden Systemwechsel nicht einwandfrei gelöst. Dagegen enthält es infolge der doppelten Schlußzeichensignalisierung schon ein wesentliches Element mehr zum Aufbau der automatischen Gesprächszählung als das Einzelbatteriesystem.

Eine möglichst weitgehende und allgemeine Förderung der Tariffrage scheint nun das »Automatische Umschaltesystem« zu versprechen, welches neben der vollständigen Einsparung des Umschaltepersonals heute tatsächlich schon ein einwandfreies selbsttätiges Zählsystem besitzt, freilich nur dank des günstigen Umstandes, daß für das automatische System die Frage der Zählung im Falle der Fehlverbindung infolge des hierbei gegebenen Verschuldens des Teilnehmers sich einfach erledigt und damit gerade die prinzipielle Schwierigkeit an dem Problem der automatischen Gesprächsregistrierung von selbst entfällt.

Zur Beurteilung der Leistungsfähigkeit dieses Systems, insbesondere für die vergleichende Betrachtung und die Erwägung der Chancen in der künftigen Ausgestaltung des Fernsprechwesens entwerfen wir zweckmäßig, wie dies für die Handbetriebssysteme durch Fig. 1 geschah, auch für das automatische Umschaltesystem das Betriebskostendiagramm.

Die stark ausgezogenen Linien $o—p$ und $u—v$ bezeichnen die Charakteristik der Betriebsausgaben für das automatische

---

dienung von Sprechstellen, die nach dem Einzelgesprächsgebührentarif angeschlossen sind, hat man in Amerika dadurch gekürzt und die Möglichkeit der Irrtümer bei der Zählung gleichzeitig um einen Grad verringert, daß man an Stelle der Zählstreifen elektrisch auslösbare Zählwerke verwendet, die durch einen Druck auf besondere, den einzelnen Schnurpaaren zugeordnete Zähltasten die Registrierung an der Abfrageseite der betreffenden Verbindung vollziehen. Der erste Anteil der zusätzlichen Arbeit sowie die Möglichkeit zu Fehlzählungen durch Gedächtnisfehler bzw. falsche Manipulation bleibt also auch bei dem amerikanischen Zählsystem bestehen. Ich möchte deshalb dieses Zählverfahren als halbautomatisch bezeichnen im Gegensatz zu den vollautomatischen Zählern.

System; die punktierten Linien *m—n* und *m—r*, welche aus Fig. 1 in Fig. 2 zu Vergleichszwecken übertragen wurden, stellen, wie schon erwähnt, die Charakteristik für die Handbetriebssysteme dar. Als gemeinsame Linie für beide erscheint die Gerade *o—p*.

Wie aus Fig. 2 hervorgeht, ist durch das System tatsächlich eine Abminderung der Gesamtbetriebskosten möglich; denn obgleich die Größe *b′* gegenüber *b* infolge des für die Aulage des Systems erforderlichen erhöhten Kostenaufwandes größer erscheint, kann doch die Gesamtsumme der Betriebsausgaben durch das vollständige Entfallen der Größe *c* kleiner als bei den Handbetriebssystemen ausfallen. Aus dem Diagramm in Fig. 2 geht aber auch klar hervor, daß die Gesamtsumme der Betriebsausgaben für das »Automatische System« höher werden kann als jene für die Handbetriebssysteme. Die Entscheidung darüber, welcher von beiden Fällen eintritt, liegt, wie die Fig. 2 ohne weiteres erkennen läßt, in der mittleren Gesprächsziffer, welche für die Fernsprechanlage in Ansatz zu bringen ist. Das vorliegende Diagramm gibt als mittlere Gesprächsziffer, bei welcher die Wirtschaftlichkeit der Handbetriebs- und automatischen Systeme die gleiche ist, die Zahl 5,2 an, ein Wert, über dessen tatsächliches Zutreffen man natürlich streiten kann, da ja die Ordinatenwerte der Linie *u—v*, welche die Betriebskosten des automatischen Systems darstellen, bei der kurzen Zeit des Bestehens dieses Systems, dem noch geringen statistischen Materiale und der Schwierigkeit, die vorhandenen Zahlen für die Verhältnisse der staatlichen Verwaltungen zuverlässig zu modifizieren, bis zu einem gewissen Grade einer willkürlichen Festsetzung unterliegen.

Wie dem nun auch sei, jedenfalls existiert ein Schnittpunkt *s* zwischen den beiden Begrenzungslinien *u—v* und *m—n* innerhalb des für die vorliegende Betrachtung wichtigen Gebietes, da ja die Kostenaufwendungen für automatische Zentralen und die daran anzuschließenden Sprechstellen naturgemäß erheblich jene für die Einrichtung von Handbetriebsanlagen übersteigen. Abgesehen nun von der absoluten Lage dieses für die Wirtschaftlichkeit entscheidenden Schnittpunktes *s*, welche als Funktion der Gesprächsziffer erscheint, bietet schon das Studium der Ableitung dieser Funktion nach den Grundgrößen *a*, *b*, *c* und *z*

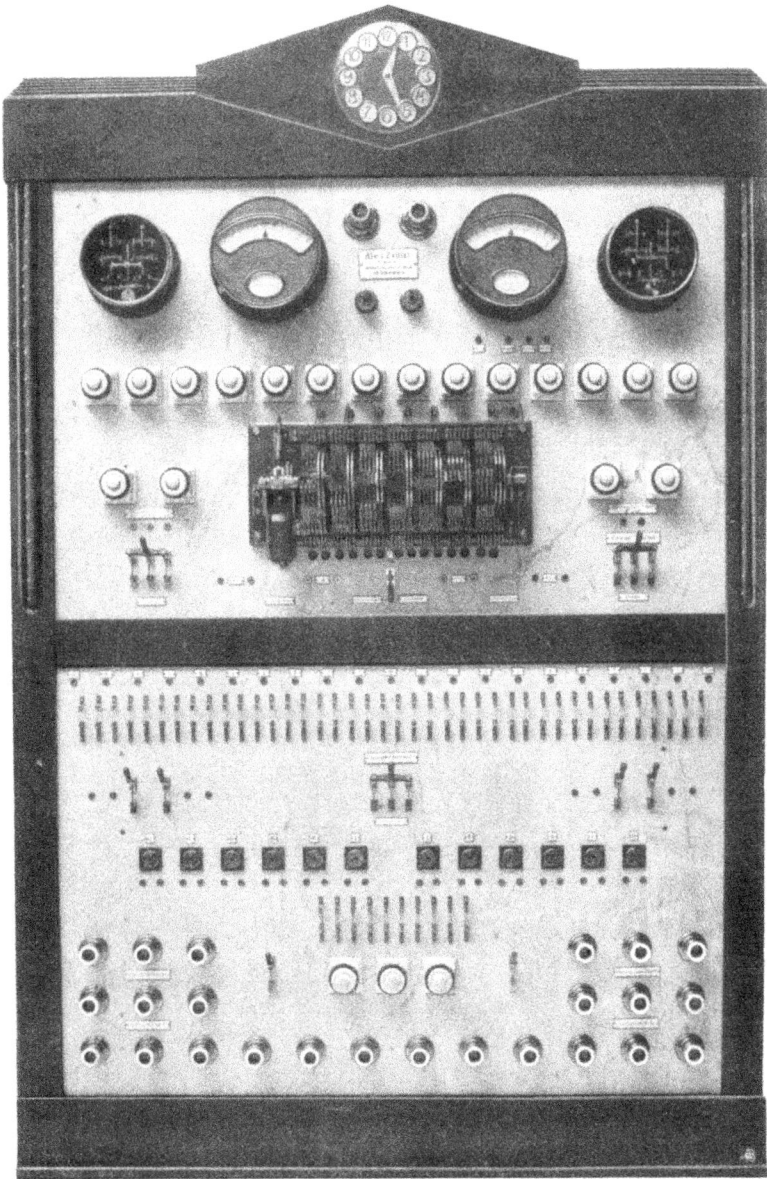

Schalttafel mit selbsttätigem Spannungsteiler.

Druck und Verlag von R. Oldenbourg, München.

für die Präzisierung des Standpunktes staatlicher Verwaltungen in der Systemfrage so wichtige Anhaltspunkte, daß, wie die Betrachtungen im weiteren Verlaufe noch zeigen werden, zur Erzielung einer größtmöglichsten Ökonomie im Sinne staatlicher Unternehmungen für das System ganz bestimmte Grundeigenschaften als erforderlich erkannt werden.

Bei dem Bestreben, durch Verbesserung nach der apparatentechnischen Seite hin die Gesamtbetriebsausgaben

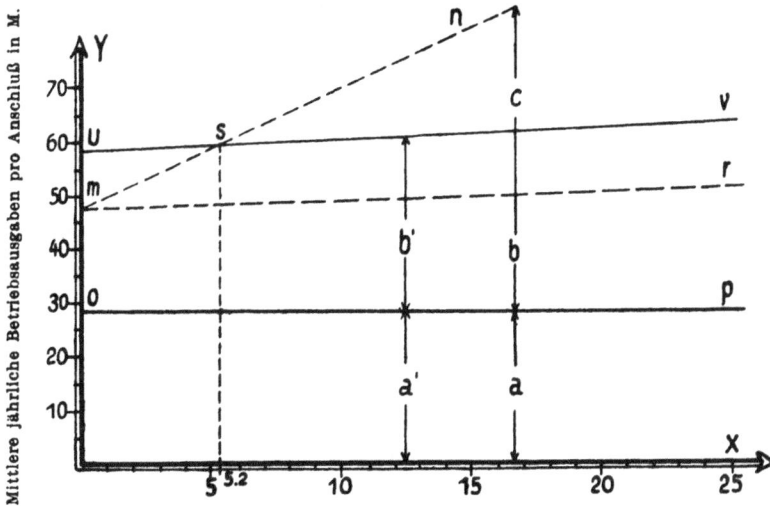

Fig. 2.

Mittlere Gesprächsziffer pro Tag und Anschlus: Z.

nach Möglichkeit zu reduzieren, kamen bisher nur Maßnahmen zur Abminderung der Größen $b$ und $c$ bzw. deren Summe in Betracht. Die tunlichste Verkleinerung der Größe $a$ erscheint im Laufe der bisherigen Erörterungen nur von der leitungstechnischen Seite her in Erwägung gezogen.

Die Erkenntnis nun, daß die Anschlußleitungen der meisten Teilnehmer zum größten Teile des Jahres unbenützt im Boden bzw. an Gestängen oft auf große Entfernungen hin liegen, hat das Bedürfnis nach dem Anschlusse mehrerer Teilnehmer an eine gemeinsame Amtsanschlußleitung unter Hinweis auf die

hierdurch zu ermöglichende Ermäßigung der Gebühren [1]) in Fach-
zeitschriften und populären Presseaufsätzen schon mehrmals
hervorheben lassen und so zur Frage nach dem automatischen Gruppenstellensystem hingedrängt; denn die umfang-
reiche Einführung des bestehenden Nebenstellensystems mit
Handbetriebszwischenumschaltern, welches ja tatsächlich schon
die Ausnützung der Anschlußleitungen in der angedeuteten Weise
fördert, begegnet durch den Umstand, daß sich jeweils eine
Person finden muß, welche die Zwischenumschaltungen vornehmen will, naturgemäß Schwierigkeiten und beschränkt sich
zumeist auf solche Anschlüsse, bei welchen zwischen den einzelnen Inhabern der Nebenstellen irgendwelche Interessengemeinschaft besteht.

Wir sehen jetzt durch das automatische Gruppenstellensystem
ein neues Moment in die bisherigen Betrachtungen über die Abhängigkeit der Gesamtbetriebskosten von den Größen $a$, $b$, $c$
und $z$ eintreten; denn es erweist sich hierdurch die Apparatentechnik dazu berufen, die durch den modernen Leitungsbau mit
Erfolg vollzogene Reduktion an dem Werte $a$ weiterzuführen
und damit die Gesamtkosten noch mehr zu verringern.

Dazu kommt noch ein weiteres Moment von wirtschaftlicher
Bedeutung aus dem Umstande, daß mit Einführung des automatischen Gruppenstellensystems sich der Anschlußwert eines
Fernsprechamtes ohne Vermehrung der Zentralanschlüsse erheblich steigern läßt, das Erfordernis mehrerer Zentralen nebst den
dazu gehörigen Verbindungssystemen zum Betriebe der Anlage
also auf ein Minimum herabgesetzt wird. So bringt die durch
das automatische Gruppenstellensystem gegebene Dezentralisierung auch noch eine günstige Rückwirkung auf die Größe der
Werte $b$ und $c$ mit sich, sofern die Ausdehnung des Multiplex-
apparates einerseits und die notwendige Vermehrung des Umschaltepersonals zur Bedienung der Verbindungssysteme andrer-

---

[1]) Neben der Frage der Gebührenermäßigung spielt beim Ersatz
der kleinen Telephonumschaltestellen durch automatische Gruppenumschalter auch der Umstand eine nicht unwesentliche Rolle, daß
bei Einführung der letzteren die Teilnehmer jederzeit, also unabhängig
von den Dienststunden der kleinen Betriebsstellen, mit den größeren
Verkehrsplätzen in Gesprächsverkehr treten können.

seits mit steigender Teilnehmerzahl hier viel langsamer fortschreitet als bei reinen Handbetriebsanlagen.

Wenn wir das Betriebskostendiagramm der Fig. 2 nunmehr auf Grund der gewonnenen Schlußfolgerungen korrigieren, bekommen wir ein Vergleichsbild zwischen den Betriebsangaben für das vollautomatische Umschaltesystem und jenen für das gemischte Umschaltesystem (Handbetriebszentralen) mit automatisch arbeitenden Unterzentralen (Gruppenstellenumschaltern).

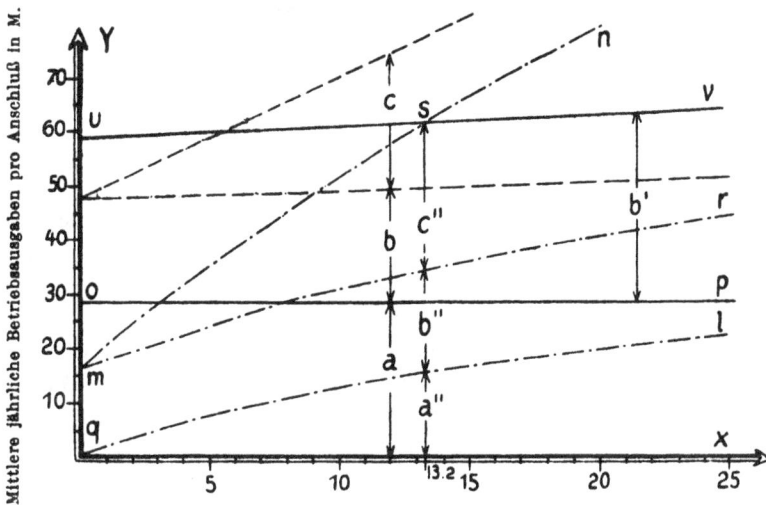

Fig. 3.

Mittlere Gesprächsziffer pro Tag und Anschluß: Z.

Die ausgezogenen Linien *u—v* und *o—p* beziehen sich auf die Betriebsausgaben beim automatischen System, die strichpunktierten Linien *q—t*, *m—r* und *m—n* auf jene beim gemischten System.

Jetzt hat sich die Lage des für die Betrachtung wichtigen Punktes *s* zuungunsten des automatischen Systems verschoben, sofern dieses nunmehr erst bei Anlagen mit einer mittleren Gesprächsziffer von etwa 13,2 anfängt, gegenüber dem gemischten System wirtschaftlicher zu werden.

Dieser Erscheinung steht nun noch der Umstand gegenüber, daß gerade mit der im Sinne staatlicher

Unternehmungen gelegenen Tendenz, das Telephon zum Gemeingut möglichst breiter Schichten der Bevölkerung zu machen, der Mittelwert der Gesprächsziffer staatlicher Fernsprechnetze sich verhältnismäßig tief halten wird und damit das Gebiet des Betriebskostendiagramms, in welchem das automatische Umschaltesystem einen merklichen Vorrang vor dem gemischten System einzunehmen vermöchte, kaum in Betracht kommt. Außerdem ergibt sich noch die wichtige Frage, ob das automatische Umschaltesystem der Tendenz der möglichsten Ausbreitung des Telephons zum Wohle der Allgemeinheit in so weitgehendem Maße ohne ganz unüberwindliche Komplikation der Mechanik zu folgen vermag, wie dies gerade durch das System der Dezentralisierung mittels automatischer Gruppenstellen möglich wird. Günstiger würden sich die Verhältnisse für das automatische Umschaltesystem freilich gestalten, wenn zu demselben noch ein automatisches Gruppenstellensystem ohne wesentliche Komplizierung der technischen Einrichtungen hinzugedacht werden könnte, da in diesem Falle für die vergleichenden Betrachtungen wieder die im Diagramm der Fig. 2 gekennzeichnete Lage des Punktes s maßgebend wäre. Nachdem indessen die Frage der Angliederung eines automatischen Gruppenstellensystems an das automatische Zentralensystem praktisch noch nicht gelöst ist, erscheint dieselbe zunächst auch nicht weiter diskutierbar.

Man sieht also, wie auf Grund vorstehender Überlegungen als ökonomischste Form staatlicher Fernsprecheinrichtungen das Handbetriebssystem mit automatischen Unterzentralen erscheint, vorausgesetzt natürlich, daß die Technik dieses gemischten Systems an die eingangs aufgestellten Forderungen der Tarifbewegung sich so anzupassen vermag, wie dies in dem Diagramm der Fig. 3 zum Ausdruck kommt. Es dürfen also die Probleme der automatischen Registrierung der Gespräche nach der jeweils sich einstellenden Rechtslage[1]), sowie des

---

[1]) Das in Amerika übliche Zählsystem kann also nach dem hierüber schon Gesagten nicht als Lösung im Sinne des vorliegenden Problems angesehen werden.

automatischen Gruppenstellensystems als jene Aufgaben bezeichnet werden, welche einerseits in den
Bereich des stetigen und damit praktisch möglichen
Fortschreitens der gegenwärtigen staatlichen Fernsprechtechnik fallen und andrerseits geeignet sind,
im Falle einer befriedigenden Lösung für die künftige Entwicklung des staatlichen Fernsprechwesens
tonangebend zu werden, weil sie, wie schon erwähnt,
der wirtschaftlichsten Lösung zustreben.

Was nun die technische Ausgestaltung des Systems anlangt,
so hat sich bei der Bearbeitung der Aufgabe der selbsttätigen
und nach Maßgabe der jeweils sich einstellenden Rechtslage er-
folgenden Gesprächszählung ergeben, daß man durch Zusatz je
eines einzigen Spezialrelais zu der Apparatur der Verbindungsschnüre, welches mit dem vom Zentralmikrophonbatteriesystem
her bekannten Überwachungsrelais in ganz bestimmtem Funktions-
verhältnis steht, in die Lage versetzt wird, die Zählung auf auto-
matischem Wege so vor sich gehen zu lassen, daß nur die
wunschgemäß zustande gekommenen Gespräche, welche allein
als rechtmäßig zustande gekommen betrachtet werden dürfen,
zur Registrierung gelangen.

Die maßgebende Rückwirkung des anderen Problems auf
die fundamentale Gestaltung der Fernsprechzentralen ergibt sich
andrerseits aus der Erwägung, daß die ganze automatische Gruppen-
stellensystemfrage in erster Linie von der Frage nach der rationellen Verteilung elektrischer Energie in einem Schwachstromnetze abzuhängen scheint, da für die beim automatischen Gruppen-
stellenumschalter erforderlichen Umschaltungen vor allem eine
geeignete Kraftquelle vorhanden sein muß, im Gedanken an die
Verwendung von Primärbatterien man aber sehr bald ad ab-
surdum geführt wird. Die zwingende Folge dieser Erwägung ist
die Wahl des Ruhestromsystems für den Betrieb der Fernsprechanlage, also gerade die Umkehrung des für die in der
vollen Entwicklung begriffenen Zentralmikrophonbatteriesysteme
gewählten Arbeitsprinzips!

Der von der Zentrale aus über alle Leitungen zu den Teilnehmersprechstellen gelangende Ruhestrom führt speziell für die
Energieverteilung mit Schwachstrom gebauten kleinen Sammlern

von etwa nur einer Amperestunde Kapazität die für die Speisung der Mikrophone während der Gespräche erforderliche elektrische Energie während der Gesprächspausen zu; der gleiche Speisestrom kann an jeder beliebigen Stelle des Netzes zur Energieversorgung für die das automatische Gruppenstellensystem betätigende Schaltebatterie entnommen und in der erforderlichen Intensität bemessen werden.

Neben der Aufgabe der Energieversorgung fällt dem Speisestrom für die einzelnen Energiezentren des ganzen Systems noch die Funktion der Signalisierung bei Anruf und Gesprächsbeendigung und bezüglich des automatischen Gruppenstellensystems jene der selbsttätigen Einleitung der jeweils erforderlichen Lokalschaltvorgänge zu, um die Mechanik des ganzen Systems möglichst einfach und die Hauptfunktionen von persönlichen Überlegungen seitens der Teilnehmer und des Umschaltepersonals der Handbetriebsämter möglichst unabhängig zu machen.

Die Frage, wie man die Umschalteeinrichtung der Hauptzentrale und der automatischen Unterzentralen zu gestalten hat und welche Teilfunktionen dieselben vollziehen müssen, um den bekannten Betriebserfordernissen, beispielsweise der Signalisierung des Belegtseins, dem Ausschluß des Mithörens, der Sperrung der Anrufmöglichkeit während eines Gesprächs für die unbeteiligten Gruppenstelleninhaber etc. Genüge zu leisten, kommt erst in zweiter Linie und kann, wenn die vorbezeichneten Fundamentalfragen erst praktisch gelöst sind, nennenswerte Schwierigkeiten nicht mehr bereiten.

Dagegen erscheint die Erfüllung einer weiteren auf Grund der vorstehenden Studien als maßgebend für die ordnungsgemäße und ökonomische Betriebsweise anzuerkennenden, bisher jedoch immer unbeachtet gebliebenen Bedingung, weit schwieriger.

Man denke sich ein automatisches Gruppenstellensystem gegeben, welches beispielsweise mit fünf Sprechstellen durch eine gemeinsame Leitung an die Handbetriebszentrale angeschlossen ist. Die schon hervorgehobenen bekannten Betriebserfordernisse rein technischer Natur seien erfüllt. Die Frage ist nur noch: Wer bezahlt? und wie soll bezahlt werden? Der Hauptstelleninhaber der gebräuchlichen Handbetriebsnebenstelleneinrichtungen ist verschwunden, die Gruppenstelleninhaber haben im allge-

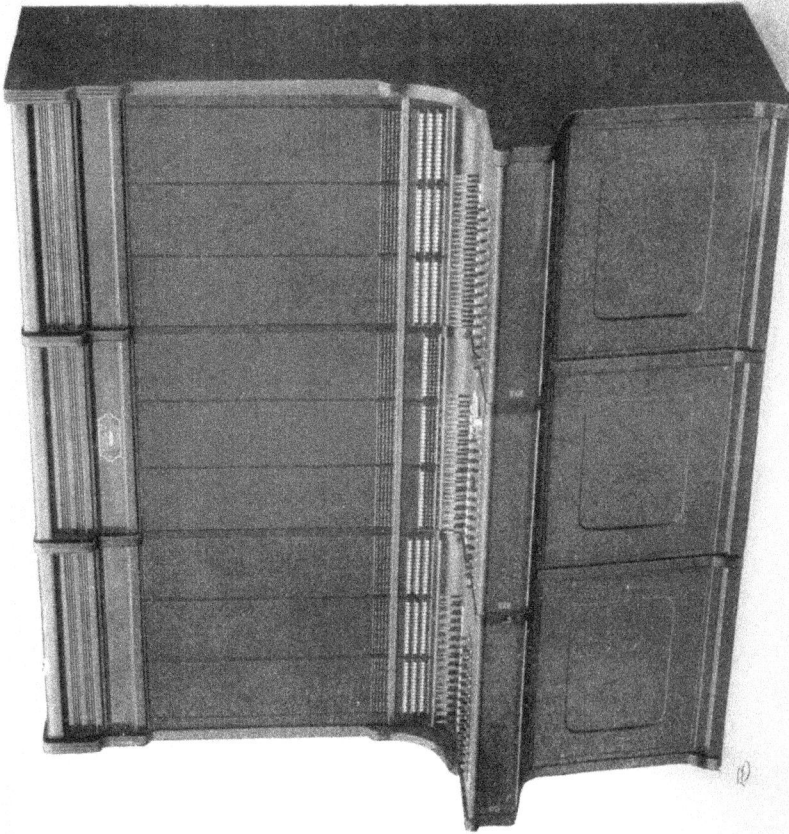

Handbetriebsvielfachumschalter für das gemischte System (Handbetriebszentrale mit automatischen Unterzentralen).

Druck und Verlag von R. Oldenbourg, München.

meinen keine Interessengemeinschaft mehr und gewinnen relativ zur Verwaltung gleiche Pflichten und Rechte; die Lösung der Gebührenfrage erscheint für den ersten Augenblick einfach; man nimmt für jeden Teilnehmer ein Pauschale als Gebühr an. Abgesehen von der Unwirtschaftlichkeit dieses Verfahrens an sich verbindet sich mit der Einführung der Bauschgebühr naturgemäß seitens der einzelnen Teilnehmer die Tendenz, den Fernsprechanschluß möglichst auszunützen, so daß hierdurch große Gefahr zur Überlastung und noch mehr zu einer unhaltbaren Einseitigkeit in der Belastung der Amtsanschlußleitung besteht.

Die durch die Pauschaltarifierung präsumierte Gleichmäßigkeit in der Zuteilung der Sprechmöglichkeit an die einzelnen Teilnehmer läßt sich bei den gegebenen Mitteln praktisch nicht erfüllen, da die Technik einen ausgleichenden Einfluß auf die Gesprächsbelastung des automatischen Nebenstellensystems nicht ausüben läßt. Diese Ausgleichung ist in der wünschenswerten Weise auch dann nicht möglich, wenn man an Stelle des Bauschgebührensystems unter Zuhilfenahme des erwähnten neuen Gesprächszählers das gebräuchliche Einzelgesprächsgebührensystem zugrunde legt; denn da die eine Sprechstellengruppe mit der Handbetriebszentrale verbindende Anschlußleitung mehreren Teilnehmern zum Gesprächsverkehr dient, rückt dieselbe in die Kategorie jener Leitungen, welche jetzt schon dem allgemeinen Verkehr dienen, nämlich in die Kategorie der Städteverbindungsleitungen.

Die Gebührenberechnung bei Benützung derartiger Leitungen erfolgt aber bekanntlich nicht nur nach der Zahl der Gespräche, sondern auch nach deren Zeitwert; denn es ist hier, wo das Recht auf Benützung der Fernsprechverbindung der Allgemeinheit ganz gleichmäßig zusteht, naturgemäß nicht gleichgültig, ob die Inanspruchnahme der staatlichen Einrichtung durch eine bestimmte Persönlichkeit kürzere oder längere Zeit erfolgt; es muß vielmehr in Wahrung des Allgemeininteresses die Vergütung für die Benützung der staatlichen Einrichtung nach Maßgabe des wirklichen Benützungswertes, mithin nach dem Zeitwerte erfolgen.

Ganz der gleiche Fall stellt sich aber für die Benützung der von einer Sprechstellengruppe ausgehenden Amtsanschlußleitung nunmehr auch im Ortsverkehre ein, so daß die Registrierung der

Gesprächsverbindungen auch hier nach dem Zeitwerte zu erfolgen hat, wenn die Einrichtung in jeder Hinsicht als vollkommen erscheinen soll. Nachdem nun von der Übertragung des im Fernverkehr üblichen Zählverfahrens auf die Gesprächsregistrierung im Ortsverkehr — die Gesprächszeiten im Fernverkehr werden jeweils vom Umschaltepersonal des Fernamts notiert — schon mit Rücksicht auf die hieraus entstehende ganz wesentliche Mehrbelastung des Personals praktisch abgesehen werden muß, erscheint die ökonomische und ordnungsgemäße Betriebsweise eines automatischen Gruppenstellensystems an die Lösung eines weiteren Problems, der **selbsttätigen Registrierung der Gespräche nach dem Zeitwert geknüpft.**

Auch die Lösung dieses Problems läßt sich auf dem allgemein erläuterten Prinzip der elektrischen Energieverteilung durch Schwachstrom aufbauen. Das hierfür in Betracht kommende Verfahren zur Registrierung der Gespräche nach deren Zeitwert beruht auf der dauernden Zufuhr verschiedener Mengen elektrischer Energie an die Teilnehmersprechstellen je nach der den einzelnen Teilnehmerstellen zuzuweisenden Zahl von Einheitsgesprächen und auf dem ratenweisen, der Dauer der einzelnen Gespräche proportionalen Konsum dieser Energie durch besondere, als Widerstände ausgebildete Stromverbraucher.[1])

---

[1]) B e m e r k u n g   z u   d e m   s e l b s t t ä t i g e n   G e s p r ä c h s z ä h l - v e r f a h r e n : Während für die Gruppenstellen die Registrierung der Gespräche nach dem Zeitwerte erforderlich ist, erscheint dieselbe zur Gesprächszählung für die mit eigener Amtsanschlußleitung versehenen Teilnehmersprechstellen bei kleinen Ortsanlagen mit geringer Lokalgesprächsziffer wenigstens nicht berechtigt, da für die aus der Umschaltung erwachsenden Kosten lediglich die Gesprächszahl in Betracht kommt. Der Umstand nun, daß selbsttätige mechanische Zähler immer verhältnismäßig teuer sein werden und insbesondere der nachträgliche Einbau derselben in vorhandene Anlagen aus finanziellen Gründen oft undurchführbar erscheint, hat zu der Frage Veranlassung gegeben, wie das billigere und einfachere elektrochemische Zählverfahren auch für jene Fälle, in welchen nach der Zahl der Gespräche registriert werden muß, verwendet werden kann. Diese Frage erledigt sich einfach, wenn man zu der Registrierung der Benützungsstunden durch den elektrochemischen Zähler noch die einfach zu ermöglichende Zählung aller Umschaltungen durch Platzzähler vornimmt. Dann hat man

Mit Rücksicht auf diese, wieder aus Erwägung der in dem besonderen Falle gegebenen Rechtslage gewählte Meßmethode erscheint es nun zweckmäßig, für die Überlassung automatischer Gruppenstellen an Private die Gebührenberechnung nicht nach der Gesprächszahl — diese ist ja im Hinblick auf die notwendige gleichzeitige Registrierung des Zeitwertes an sich nicht eindeutig definierbar — sondern vielmehr nach der **Benützungsdauer** des Gruppenstellenanschlusses vorzunehmen.

Daraus ergibt sich dann ohne weiteres eine einfache Weise für die Abgleichung der einzelnen Sprechstellengruppen auf gleiche Belastung, indem an jede Gruppe so lange Teilnehmer angeschlossen werden, bis die Summe der gemieteten Benützungsstunden einen bestimmten, durch die Erfahrung erst festsetzbaren Anschlußwert erreicht. Gerade aus der letzten Betrachtung über das praktische Verfahren in der Zuteilung einzelner Gruppenstellen an die Teilnehmer geht klar hervor, wie eine wirtschaftlich einwandfreie, allen das gleiche Recht zuerkennende

aus dem Werte $\frac{\Sigma t}{Z}$, wobei $\Sigma t$ die Gesamtzahl an Benützungsstunden der betreffenden Anlage und $Z$ die Zahl der Umschaltungen insgesamt, gleichgültig ob mit oder ohne Erfolg für die Teilnehmer, bezeichnet, die fiktive mittlere Gesprächsdauer der Einheitsgespräche und damit den Umrechnungsfaktor von Benützungsstunden in die Zahl der Gespräche. Es haben demnach die Teilnehmer der Anlagen mit derartigem Zählsystem jeweils für die wirkliche Arbeitsleistung der Umschaltestellen aufzukommen; die Vergütung der Ausschußverbindungen erfolgt gleichmäßig von allen Teilnehmern der Anlage, so daß der auf den Einzelnen entfallende Betrag aus diesem Grunde, sowie im Hinblick auf die kurze Zeitdauer der genannten Verbindungen verschwindend klein wird.

Für die Tarifierung ergibt sich hieraus als neues Moment dies, daß nicht nur, wie bisher, je nach der Größe der Anlage die Einheitssätze für die Gebühren verschieden bemessen werden, sondern auch nach der Gesprächsziffer, eine Maßnahme, die sich aus der Tatsache, daß diese Zahl direkt ein Maß für die Personalbelastung gibt, rechtfertigt und zweckmäßig erscheint. Wegen des Verhältnisses zwischen dem wahren Werte einer Gesprächsverbindung und dem von mechanischen Zählern registrierten Werte bei großen Telephonanlagen verweise ich auf die in dieser Abhandlung gepflogenen Betrachtungen über einen Gesprächszonentarif.

und jederzeit kontrollierbare Verteilungsmöglichkeit eben erst aus der Einführung der Zählung nach der Benützungsdauer hervorgeht.

So sehen wir, welch fundamentale Bedeutung bei dem Versuche, für die heute allgemein anerkannt wichtigen Probleme der selbsttätigen Gesprächsregistrierung und des automatischen Gruppenstellensystems eine konstruktiv- und betriebstechnisch brauchbare Lösung zu finden, das Problem der elektrischen Energieverteilung für die Zwecke der Schwachstromtechnik gewinnt und wie scharf durch das Studium der behandelten Fragen sich die Systemfrage eingrenzt.

Aus der eingangs hervorgehobenen Vieldeutigkeit des vorliegenden Problems, von der apparatentechnischen Seite her der wirtschaftlichsten Form des Umschaltesystems zuzustreben, wobei man heute von ganz entgegengesetzten Standpunkten aus an der Reduktion der Betriebsausgaben arbeiten sieht, hat sich durch vergleichende Betrachtungen vom Standpunkte staatlicher Verwaltungen der Hauptsache nach eine Eindeutigkeit ergeben, sofern nunmehr als Grundlage für die wirtschaftlichste Form das gemischte System und damit das Ruhestromsystem in Betracht kommt; denn wenn die gepflogenen Untersuchungen auch hinsichtlich des Absolutwertes des zu erreichenden Minimums an Betriebsausgaben nichts Bestimmtes aussagen, die Chancen, welche das Handbetriebssystem mit dezentralisierenden automatischen Sprechstellengruppen in der Erreichung dieses Zieles vor den übrigen Systemen hat, hat die Untersuchung der Funktion $f(a, b, c, z)$ in ihrer Abhängigkeit von den einzelnen Größen einwandfrei gezeigt. Die Tatsache, daß das gemischte System und nur dieses alle Elemente enthält, um den Funktionswert $f$ zu einem Minimum zu machen, bürgt hinreichend für die Chancen desselben im Wettbewerb der Systeme. Jedenfalls aber ist es jetzt Aufgabe der Zentralmikrophonbatteriesysteme sowie der vollautomatischen Umschaltesysteme, auch das Problem des automatischen Gruppenstellensystems nebst den zugehörigen Spezialaufgaben vom Standpunkt der dort gegebenen Elektromechanik aus zu behandeln und eine praktisch brauchbare Lösung zu erstreben, nachdem die tiefeinschneidende Wirkung dezentralisierender Unterstationen auf die Betriebsökonomie sich aus Vorstehendem ergeben hat.

### Zusammenfassung der Ergebnisse.

1. Das **Zentralmikrophonbatteriesystem** für Handbetrieb der heutigen Ausführung erscheint in wirtschaftlicher Beziehung am wirkungsvollsten, wenn es sich bei dessen Verwendung um ein reines Hauptanschlußsystem, also um Anlagen ohne Nebenstelleneinrichtungen handelt; daher seine große finanzielle Bedeutung in Amerika, wo Zwischenumschalter der bei uns gebräuchlichen Bauart nicht oder nur ausnahmsweise Verwendung finden. Bei nennenswerter Verbreitung derartiger Einrichtungen kommt dagegen der für Neuanlagen immer hervorgehobene Vorzug der geringeren Anschaffungskosten gegenüber dem bestehenden Einzelbatteriesystem bald zum Verschwinden.

2. Das **vollautomatische Umschaltesystem** ist im praktischen Betriebe bisher nur als reines Hauptanschlußsystem bekannt geworden und zeigt sich den reinen Handbetriebssystemen gegenüber lediglich bei hohen Gesprächsziffern überlegen. Aus diesem Grunde und mit Rücksicht auf den Umstand, daß durch das vollautomatische Umschaltesystem das in den Leitungen angelegte Kapital bei der verhältnismäßig niedrigen Gesprächsziffer in staatlichen Betrieben nur schlecht ausgenützt wird, muß dessen praktische Verwendbarkeit seitens staatlicher Verwaltungen höchst fragwürdig erscheinen.

3. Das **Zentralbatteriesystem mit elektrischer Energieverteilung durch Akkumulatorenfernladung** dagegen ermöglicht den rationellen Aufbau eines **Handbetriebsnebenstellen- und automatischen Gruppenstellensystems** auf dem **Handbetriebszentralensystem** und erscheint in dieser **Mischform** als jenes der allgemein wirtschaftlichsten Art, so daß dasselbe, wofern die beiden zum Vergleiche herangezogenen Systeme nicht imstande sein werden, das Gleiche mit gleich einfachen Mitteln zu erreichen, dank der weitgehenden Anpassung an die Forderungen der Tarifbewegung, die Oberhand im staatlichen Betriebe voraussichtlich bald gewinnen wird.

## II. Teil.

# Die Apparatentechnik des gemischten Umschaltesystems.

### (Handbetriebszentrale mit automatischen Unterzentralen.)

---

## Vorwort.

Die Apparatentechnik des vorliegenden gemischten Umschaltesystems — Handbetriebszentralen mit automatischen Unterzentralen — baut auf der elektrischen Energieverteilung durch Akkumulatorenfernladung auf. Der Gedanke, die für die Unterhaltung der Sprechstellen erforderliche elektrische Energie von einer zentralen Stromquelle den Sprechstellen während der Gesprächspausen zuzuführen und dieselbe durch Umsetzung in chemische Energie für den Bedarfsfall disponibel zu machen, ist nicht neu. In Amerika wurden dahingehende Versuche vor Aufnahme des Zentralmikrophonbatteriesystems in größerem Maßstabe vorgenommen. Zu einer weiteren Verbreitung ist jedoch die Akkumulatorenfernladung nicht gekommen, da einerseits das Zentralmikrophonbatteriesystem infolge des Fortfallens jeglicher Stromquelle bei den Sprechstellen naturgemäß bald das Feld beherrschte und durch diese Eigentümlichkeit sowie durch die übrigen wichtigen Neuerungen (automatischer Anruf und automatisch doppeltes Schlußzeichen) überall als das Umschaltesystem $\varkappa\alpha\tau'$ $\dot{\varepsilon}\xi o\chi\dot{\eta}\nu$ in den Vordergrund des Interesses rückte und andrerseits die damals gewählte unzweckmäßige Betriebsform das Akkumulatorenfernladesystem nicht ökonomischer erscheinen ließ als

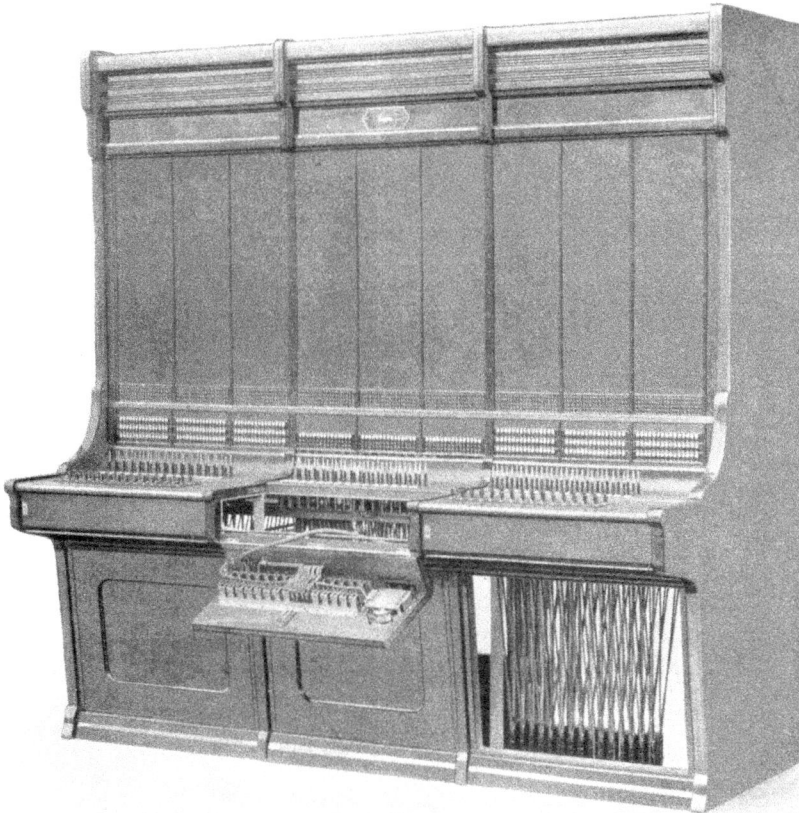

Handbetriebsvielfachumschalter für das gemischte System
(teilweise geöffnet).

Druck: und Verlag von R. Oldenbourg, München.

die Energieversorgung der Sprechstellen mit Primärelementen. Die Entwicklung des Fernsprechwesens der Gegenwart zeigt dementsprechend die volle Entfaltung des aus Amerika nach Europa übernommenen, in vieler Beziehung jedoch verbesserten Zentralmikrophonbatteriesystems. Durch die aus der wissenschaftlichen Bearbeitung des Systems hervorgegangenen Verbesserungen und Erweiterungen ist es gelungen, dasselbe den bei uns gegebenen Verwaltungsgrundsätzen in tariftechnischer Beziehung soweit anzupassen, daß die Einbuße an Betriebsökonomie gegenüber der in Amerika erzielbaren nicht allzu empfindlich ist; es ist gelungen, die Nebenstellenfrage technisch so zu lösen, daß die Verwendung von besonderen Stromquellen auch an den Zwischenstellen entbehrlich ist, und damit das grundlegende Charakteristikum des Zentralmikrophonbatteriesystems innerhalb einer Fernsprechanlage möglichst in vollem Umfange erhalten bleibt. Die Notwendigkeit besonderer, transportabler Stromquellen für den Betrieb sogenannter Zweigstellen mit größerem Außen- und Innenverkehr kann zunächst als prinzipiell störend nicht empfunden werden, da ja die Zahl derartiger Zweigstellen heute noch eine verhältnismäßig geringe ist.

Trotzdem war vom Standpunkt der gegenwärtigen Fernsprechtechnik aus schon Veranlassung gegeben, auch für den Bau neuer Zentralen den Gedanken der Akkumulatorenfernladung wieder aufzunehmen, da die Beibehaltung der bestehenden Sprechstellen beim Systemwechsel in der Zentrale unter Umständen sehr wohl wünschenswert erscheinen kann, weiterhin in der Verwendung des stabileren Kugelmikrophons bei konstanter Spannung von 2 Volt an Stelle des weniger zuverlässigen Pulvermikrophons bei Zentralbatteriespannung von 14 bis 24 Volt ein nicht unwesentlicher Betriebsvorteil gesehen werden muß und endlich infolge Wegfallens des Mikrophonspeisestroms während der Gespräche die beim Zentralmikrophonbatteriebetrieb leicht auftretenden Geräusche sowie das mißliche Knacken im Hörer beim Schaltungswechsel vollständig unterbleiben. Für die Berücksichtigung der wichtigen Frage des automatischen Gruppenstellensystems, ebenso wie für die Erhebung bestehender Einrichtungen auf die Leistungsfähigkeit des Zentralmikrophonbatteriebetriebs unter Verwendung billiger und von Fall zu Fall einführbarer Zusätze [1]) erschien die Energieverteilung durch ein rationelles System der Akkumulatorenfernladung von größter Bedeutung. Aus den im ersten Teil gepflogenen Betrachtungen hat sich ja zahlenmäßig ergeben, daß die schlechte Ausnützung des in dem Leitungsnetze einer Fernsprechanlage angelegten Kapitals sowie die Tendenz nach der Erhöhung des Zentralenanschlußwertes bei der lebhaften Entwicklung des Fernsprechwesens immer mehr und mehr zur Frage des dezentralisierenden automatischen Gruppenstellensystems drängt und eben durch dieses auch die Streitfrage, ob das Handbetriebszentralensystem oder das vollautomatische Umschaltesystem die wirtschaftlichere Einrichtung darstellt, wesentlich berührt wird. Tatsächlich wird auch die einschneidende Bedeutung eines technisch leistungsfähigen selbsttätigen Gruppenstellensystems auf die künftige Entwicklung der Fernsprechtechnik allenthalben anerkannt; wenn trotzdem bei dem gegenwärtig in großem Maßstabe sich vollziehenden Systemwechsel nicht schon gleich in die Neukonstruktionen der Zentrale diejenigen technischen Elemente getragen werden, welche im Bedarfsfalle die Erweiterung des bestehenden Zustandes in die vollkommenere Stufe ohne jede Schwierigkeit vornehmen lassen, so hat dies wohl seinen Grund darin, daß man sich die Lösung der bezeichneten Erweiterungsfragen durch technische Zusatzeinrichtungen, welche dem jeweils bestehenden System angegliedert werden, zu ermöglichen denkt. Die Geschichte des Fernsprechwesens lehrt, daß das Problem des automatischen Gruppenstellensystems schon relativ alt ist und seiner Wichtigkeit entsprechend eine große Zahl von Bearbeitungen gefunden hat. Der praktische Erfolg ist bekannt und damit das Maß der bestehenden Schwierigkeiten vollauf gekennzeichnet.

Untersucht man den Hauptsitz der Schwierigkeiten, so findet man ihn in dem vorher schon erörterten Standpunkt, demzufolge die Lösung des fraglichen Problems als eine Sache für sich betrachtet und mit den übrigen technischen Einrichtungen der

---

[1]) Die für die Aptierung erforderlichen Zusätze, welche an jedem bestehenden Glühlampen- oder Klappenamte angebracht werden können und den automatischen Anruf sowie das doppelte automatische Schlußzeichen mit sich bringen, stellen sich pro Anschluß gerechnet auf kaum 8 M.

Telephonanlagen in keinen fundamentalen Zusammenhang gebracht wird. Ich habe im ersten Teil dieser Schrift, welcher
namentlich den Einfluß der Technik auf die tarifarische Seite
prüft und umgekehrt die bevorstehenden Aufgaben des Ingenieurs
aus der Tarifbewegung entwickelt, schon angedeutet, welche
Rückwirkungen sich aus der Angliederung eines automatischen
Gruppenstellensystems an eine Handbetriebszentrale für das System
der letzteren ergeben. Hat es sich dort nur um die Zeichnung
allgemeiner Umrisse eines gemischten Systems, bestehend aus
Handbetriebszentrale mit automatischen Unterzentralen, gehandelt,
so soll hier die Technik dieses Systems im einzelnen behandelt
werden; es wird sich dabei der organische Zusammenhang zwischen den Unterzentralen und dem gemeinsamen Handbetriebs-
amte deutlich zeigen und erkennen lassen, welcher Art die
Schwierigkeiten sind, wenn die in Betracht kommenden Besonderheiten einem bestehenden System, das a priori auf die
Angliederung eines automatischen Gruppenstellensystems keine
Rücksicht genommen hat, aufgedrückt werden sollen.

Aus den folgenden Spezialerörterungen wird sich dann auch
die Wiederaufnahme des Gedankens der elektrischen Energieverteilung durch Akkumulatorenfernladung noch näher erklären
und die weitgehende Anpassungsfähigkeit einer auf diesem System
der Energieverteilung aufbauenden Apparatentechnik an die Forderungen der Tarifbewegung aufs klarste hervorgehen.

---

## Kapitel 1.

### Allgemeine elektrotechnische Gesichtspunkte für den Entwurf moderner Fernsprechzentralen.

Wenn man den modernen Zentralenbau in der Fernsprechtechnik studiert, so findet man, daß ein unverkennbares Bestreben, die technischen Mittel genau den augenblicklich gegebenen Betriebserfordernissen anzupassen, vorliegt, offenbar zu
dem Zweck, im Rahmen dieser Betriebserfordernisse die denkbar
ökonomischste Betriebsform zu schaffen. Das moderne Zentral-

3*

mikrophonbatteriesystem bildet hierfür ein klares Beispiel. Die
Energieversorgung mit Primärelementen ist teuer und technisch
unvollkommen, die Ausrüstung der Sprechstellen mit den relativ
teueren Magnetinduktoren unökonomisch und die vom Teilnehmer
abhängige und nur einfache Schlußzeichenabgabe einer raschen
Verkehrsabwicklung hinderlich. Diese prinzipiellen Mängel des
bestehenden Einzelbatteriesystems mit Induktorbetrieb werden
durch das Zentralmikrophonbatteriesystem beseitigt und es wird
damit dem augenblicklich gegebenen Betriebserfordernis Rechnung getragen. Innerhalb dieses Rahmens erhöhter Leistungsfähigkeit ist der Konstrukteur aber geneigt, so viel als möglich
Vereinfachungen an der Technik des Systems vorzunehmen, wie
dies z. B. deutlich an modernen Kontrollsystemen mit Verlegung
der Kontrollspannung auf einen Sprechleitungsast zutage tritt,
dessen Potential während der Gesprächsverbindung auf einem
vorgeschriebenen Werte gehalten wird, des weiteren aus der
dauernden Parallelschaltung des Anrufapparates an die Sprechleitung hervorgeht, wodurch Trennrelais erspart werden usw.
Vom Standpunkt der gegenwärtigen Technik aus wird man
demnach in Grundsätze über den modernen Zentralenbau als
prinzipielle Forderungen die zentrale Speisung der Mikrophone,
den automatischen Anruf mit dem doppelten automatischen
Schlußzeichen, sowie die Verwendung von Zweileiterschnüren im
Verbindungsapparat stellen müssen, nachdem hierdurch zweifellos
ökonomisch wirkungsvolle Gesichtspunkte[1]) bezeichnet sind. Wie
gestalten sich nun derartige Grundsätze für den Zentralenbau,
wenn man den zurzeit gegebenen Standpunkt der Technik so zu
erweitern sucht, daß er auch die Lösung der technischen Fragen,
welche heute durch die große Entwicklung des Fernsprechers
und die Tarifbewegung näher gerückt erscheinen als je, in sich
zu schließen vermag? Zu welchen technischen Grundsätzen wird
man gelangen, wenn man die Technik des Handbetriebszentralensystems um jene eines anschließenden automatischen Unter-

---

[1]) Ökonomisch  ırkungsvoll für die Neuanlage der Zentrale; bezüglich des Betriebes ist zu bemerken, daß man sich mit der Verlegung
der Kontrollspannung auf einen Sprechleitungsast des großen Vorteils,
welchen die Lokalstromkontrolle wegen ihrer Stabilität und Unabhängig-
keit vom Leitungszustand aufweist, begibt.

zentralensystems zu erweitern sucht und damit die heute so wichtigen Fragen der Vergrößerung des Anschlußwertes einer Zentrale sowie der ökonomischen Ausnützung des Leitungsnetzes ernstlich berührt? Gehen wir von der Frage der elektrischen Energieverteilung aus. Die Art und Weise, wie das Zentralmikrophonbatteriesystem die Verteilung der erforderlichen Energie vornimmt, erweist sich für die Zwecke der Mikrophonspeisung dank der ganz namhaften Verbesserung der Mikrophone in der Regel als praktisch ausreichend, einfach und sparsam. Die Tatsache, daß das moderne Pulvermikrophon in Zusammenschaltung mit einem entsprechenden Induktionsübertrager bei einem Stromverbrauch von nur 15 bis 20 Milliampere mehr zu leisten im stande ist als ein Mikrophon älterer Bauart bei 0,3 Ampere Speisestrom, darf bei der Kritik der Reichweite des Zentralmikrophonbatteriesystems nicht außer acht gelassen werden. Die Energiemengen, welche beim Zentralmikrophonbatteriesystem an das Leitungsnetz abgegeben werden, sind also auch heute außerordentlich geringe; rechnet man mit einem mittleren Speisestrom von 40 Milliampere, so ergibt sich beispielsweise pro Anschluß und Jahr in einer Anlage mit der mittleren Gesprächsziffer von 10, einer mittleren Gesprächsdauer von 3 Minuten ein jährlicher Energieverbrauch von nur 150 Wattstunden, gemessen an der Konsumstelle. Wie wenig dies ist, geht am klarsten aus dem Vergleich mit der für den Betrieb der Wechselstromrufeinrichtung erforderlichen Energie hervor. Nehmen wir ein Fernsprechamt mit 2000 Teilnehmern an; als Rufstromquelle für dieses Amt genügt ein Gleichstromwechselstromumformer, bestehend aus einem kleinen Gleichstrommotor der für Ventilatoren üblichen Bauart und einer kleinen Rufdynamo entsprechenden Konstruktion. Beträgt die jährliche Betriebsdauer etwa 8000 Stunden, so ergibt sich ein Energieverbrauch von etwa 600 KW·Stunden, ein Betrag, welcher der doppelten Energiemenge der im ganzen Leitungsnetz der Fernsprechanlage während eines Jahres verteilten Energiemenge gleichkommt.

Im ersten Teil der vorliegenden Abhandlung habe ich u. a. hervorgehoben, daß ich in der Frage des automatischen Gruppenstellensystems die Frage nach einer geeigneten Kraftquelle für die Stromversorgung der selbsttätigen Schalter als integrierenden

Bestandteil erachte, denn ohne Schalter, welche während der Gespräche unter Strom bleiben, bzw. in den Ruhepausen Energie verbrauchen, wird man wohl nicht zurecht kommen, wenn man eine mechanisch möglichst einfache und betriebssichere Lösung anstrebt und außerdem das System so ausbildet, daß die selbsttätige Gruppenstelle mit Ausnahme des Zugänglichkeitsgrades zur Zentrale jeder Hauptstelle mit eigener Verbindungsleitung zur Zentrale gleichwertig ist.

Wenn man diesen Standpunkt anerkennt, ergibt sich aus den gepflogenen Erörterungen über die quantitative Seite der Energieverteilung beim Zentralmikrophonbatteriesystem von selbst, daß diese für die Versorgung von automatischen Unterzentralen unzureichend ist, da sie ja nur die Speisung der stromsparenden Mikrophone zu übernehmen geeignet erscheint. Für die Versorgung derartiger Unterzentralen (Gruppenumschalter) mit elektrischer Energie wird man, wie sich aus Rechnungen über den Stromverbrauch zuverlässiger und mit entsprechendem, im Interesse möglichster Betriebssicherheit erforderlichen Kraftüberschuß arbeitender Schalter sowie aus der Mechanik eines Gruppenumschalters ergeben hat, pro Gruppenstelle mit einem jährlichen Bedarf von 1 bis 2 KW-Stunden[1]) rechnen müssen, so daß das System der elektrischen Energieverteilung für die Abgabe von Energie etwa bis zu 20 KW-Stunden pro Anschlußleitung an die Handbetriebszentrale und Jahr geeignet sein muß.

Um solchen Anforderungen gerecht zu werden, muß man wohl vom Arbeitsstromsystem der Zentralmikrophonbatteriesysteme zum Ruhestromsystem übergehen; denn nur durch die Verteilung der Energielieferung auf die zeitlich überwiegenden Gesprächspausen ist man in der Lage, solche Quantitäten bei den gegebenen Leitungswegen mit jenen Spannungen den Verbrauchsstellen zuzuführen, die für Schwachstromanlagen anwendbar erscheinen. Dazu kommt noch, daß das Zentralmikrophonbatteriesystem in der Wahl der Betriebsspannung auf die physikalischen Eigenschaften des Mikrophons in erster Linie Rücksicht nehmen muß und schon hierdurch diese mehr oder weniger bestimmt ist. Für die Einrichtung des automatischen Anrufs und

---

[1]) An der Unterzentrale gemessen (20 Volt!).

## Konstruktionsteile für Umschalteeinrichtungen.

Klinkenstreifen.

Fig. 11.

Klinkenstreifen.

Fig. 12.

Signallampenstreifen.

Druck und Verlag von R. Oldenbourg, München.

des automatischen doppelten Schlußzeichens bietet natürlich die Energieverteilung mit Ruhestrom keinerlei Hindernis, so daß bei einer auf dem Ruhestromsystem aufbauenden Zentrale diese fundamentale Verbesserung gegenüber dem bestehenden Einzel-batteriesystem mit Induktorbetrieb ebensogut geschaffen werden kann, wie dies beim Zentralmikrophonbatteriesystem der Fall ist.

Was die Verwendung verdeckter Spannung im Kontroll-system bzw. die Verlegung des Kontrollstromkreises auf einen Ast der Sprechleitung anlangt, so ist zu bemerken, daß eine Zentrale mit Lokalstromkontrolle und offener Prüfspannung an der dritten Steckerleitung für technische Zusätze aptierungs-fähiger ist als jene, bei welcher diese Einrichtung nicht gegeben ist; bei einer Handbetriebszentrale aber, welche für den Anschluß automatischer Gruppenstellen geeignet sein soll, ist eine Tren-nung des Außenstromkreises vom Kontrollstromkreis unbedingt erforderlich, so lange für den Betrieb des Gruppenstellensystems Ruhestrom in Betracht kommt. Ebenso hat sich die Verwen-dung von Trennrelais für die Abschaltung der Anruforgane als unerläßlich erwiesen. Wenn man demnach die moderne Appa-ratentechnik vom Standpunkt der zunächst bevorstehenden Er-weiterungsaufgaben betrachtet, so ergibt sich für den Entwurf moderner Zentralen ein dem heute vom Konstrukteur gewählten und eingangs erwähnten Standpunkt gegenüber veränderter, nach-dem hiernach die möglichste Erweiterungsfähigkeit der Zentralen in bezug auf die technische Leistungsfähigkeit so lange im Auge zu behalten ist, als noch so umfassende Fragen, wie sie beispiels-weise in der Frage des automatischen Gruppenstellensystems vorliegen, ungeklärt sind. Diesen Standpunkt findet man zweifellos vertreten, wenn man in den Entwurfsgrundsätzen eines Aus-schreibens Nachdruck auf das Vorhandensein eines Systems mit Dreileiterschnüren, mit Wählapparaten für die Entsendung von Stromstößen, mit Einrichtungen für die Anbringung selbsttätiger Zähler im Amt und beim Teilnehmer sowie selbstkassierender Sprechstellen gelegt findet, wie ich dies aus einem ausländischen Submissionsentwurfe gelegentlich ersehen konnte.

Ganz abgesehen nun davon, ob man den einen oder anderen Standpunkt zu vertreten hat — darüber wird unter Umständen von Fall zu Fall entschieden werden müssen —, jedenfalls ist die Frage nach den Leitsätzen, die beim Entwurf von möglichst elastischen Zentraleneinrichtungen zu beobachten wären, interessant und eines eingehenden Studiums würdig; am vollständigsten wird man die Verhältnisse wohl übersehen können, wenn man den Versuch macht, eine Umschalteeinrichtung für Handbetrieb mit angegliederten automatischen Unterzentralen zu entwerfen und dabei die betriebstechnischen Erfordernisse mit der ökonomischen Seite möglichst zu berücksichtigen. Einen Teil der Ergebnisse eines derartigen Versuchs habe ich im ersten Teil dieser Schrift schon mitgeteilt und damit die Hauptlinien eines möglichst leistungsfähigen Umschaltesystems gezeichnet. Ich stelle diese Ergebnisse mit den übrigen aus der genannten Studie abzuleitenden der Vollständigkeit halber hier nochmals auf.

### Elektrotechnische Leitsätze für den Entwurf einer Telephonzentrale für Handbetrieb mit automatischen Unterzentralen.

#### § 1.

Die für den Betrieb der Telephonhandbetriebszentrale, der automatischen Gruppenumschalter (Unterzentralen) und Sprechstellen erforderliche elektrische Energie ist einem Starkstromnetze zu entnehmen und an die verschiedenen Verbrauchsstellen über die Leitungen des Schwachstromnetzes elektrisch zu verteilen.

#### § 2.

Die elektrische Energieverteilung ist so vorzunehmen, daß von der Zentrale aus pro Zentralanschluß und Jahr an jeder beliebigen Stelle des Netzes bis zu 20 KW-Stunden disponibel gemacht werden können, ohne daß hierdurch wesentliche Besonderheiten in der Schalteinrichtung der Zentrale erforderlich werden.

#### § 3.

Die Übertragung der elektrischen Energie an die einzelnen Verbrauchsstellen des Schwachstromnetzes darf nur über die im Schwachstromnetze schon vorhandenen metallischen Sprechleitungswege sowie über Erde bzw. die Bleimäntel der Kabel als Rückleitung erfolgen.

## § 4.

Die Verbindung des Anrufapparats mit der Sprechleitung muß mittels Trennrelais erfolgen, welches in erregtem Zustande das Anruforgan von der Sprechleitung vollständig abschaltet.

## § 5.

Als Verbindungsschnüre der Vielfachschränke sind Dreileiterschnüre zu verwenden.

## § 6.

Die Kontrolleinrichtung für die Besetztprüfung der Leitungen ist als Lokalstromkreis auszubilden und die Kontrollspannung offen, aber entsprechend gesichert an die dritte Steckerleitung zu legen.

## § 7.

Der Anrufapparat ist mit Zentralrufbatterie zu betätigen und mit Glühlampensignalen auszurüsten.

## § 8.

Der Verbindungsapparat ist für doppeltes automatisches Schlußzeichen und die Herstellungsmöglichkeit vormerkweiser Verbindungen einzurichten.

## § 9.

An den Arbeitsplätzen sind Schaltorgane für die Entsendung von Wechselstrom, konstanten oder intermittierenden Strom in die Schleife bzw. in deren Äste mit Erdrückleitung einzubauen, jedenfalls ist der erforderliche Platz hierfür zu reservieren.

## § 10.

Für die Registrierung der Hauptstellen- und Gruppenstellengespräche ist eine einheitliche Einrichtung zu schaffen.

## § 11.

Die selbsttätigen Gruppenumschalter (Unterzentralen) müssen bezüglich ihrer Schaltfunktionen folgende Bedingungen erfüllen:

1. Die selbsttätige Vermittelung zur Handbetriebszentrale muß im Augenblick des Anrufs durch Aushängen des Hörers oder Betätigung eines Druckknopfes eingeleitet

werden und bis zum Übergang des Hakens in die Sprechlage vollzogen sein.

2. Die Sperrung der Amtsanschlußleitung für die unbeteiligten Teilnehmer einer Gruppe muß augenblicklich
mit dem Abnehmen des Hörers an der Sprechstelle bzw.
mit dem Einführen des Steckers in die Anschlußklinke
der Zentrale erfolgen.

3. Das Mithören der im Gange befindlichen Gespräche
durch unbeteiligte Teilnehmer muß ausgeschlossen sein.

4. Das Freiwerden der Amtsanschlußleitung soll sich selbsttätig akustisch, jedoch nur nach Wunsch anzeigen.

5. Die Auflösung der Verbindung am Gruppenumschalter
soll erst mit Aufhebung derselben im Amt, dann aber
augenblicklich vollzogen werden.

6. Die Beamtin in der Handbetriebszentrale muß den Anschluß und die Abschaltung der Gruppenstellen an die
und von der Amtsanschlußleitung beliebig in der Hand
haben und darf hierbei von der Willkür des Teilnehmers
keinesfalls abhängig sein.

7. Es muß die Abgabe des doppelten automatischen Schlußzeichens bei Gruppenstellen ebenso wie bei Haupt-
anschlüssen gewährleistet sein.

8. Der Gruppenumschalter muß auch den Verkehr der
Teilnehmer einer Gruppe untereinander ermöglichen.

9. Die Verbindung der Gruppenstellen mit dem Gruppenumschalter darf nur mit einer Schleifenleitung erfolgen.

10. Leitungsstörungen (Berührungen, Erdschluß etc. etc.) in
Gruppenstellenanschlußleitungen dürfen den Betrieb der
übrigen Gruppenstellen nicht stören.

## § 12.

Die Gruppenstellen müssen mit Vorrichtungen zur selbsttätigen Registrierung der Gespräche versehen sein.

Kapitel 2.

# Die Verteilung elektrischer Energie in Schwachstromnetzen durch Akkumulatorenfernladung.

Die naheliegendste Art und Weise, durch Akkumulatorenfernladung Energie an die einzelnen Verbrauchsstellen eines Schwachstromnetzes zu verteilen, ist die Zufuhr derselben nach Bedarf. Jede Verbrauchsstelle wird auf ihren Konsum an Energie hin beobachtet und von Zeit zu Zeit durch Nachlieferung von Energie das verbrauchte Quantum wieder ersetzt; die Akkumulatoren besitzen relativ große Kapazität, da sie normal nicht unter Ladung stehen und auf einen größeren Zeitraum hin die Energieversorgung selbständig übernehmen müssen; daraus ergibt sich eine relativ hohe Ladestromstärke für die Inbetriebhaltung derselben, einmal weil die im Ruhezustand der Zelle eintretende Sulfatation durch den Ladestrom wieder kompensiert werden muß und dann, weil die Energiezufuhr nur verhältnismäßig kurze Zeit währt. Man sieht, daß ein derartiges Verfahren zur rationellen Verteilung elektrischer Energie durch Akkumulatorenfernladung sowohl nach der technischen als auch finanziellen Seite hin praktisch als unbrauchbar bezeichnet werden muß und einem derartigen Verfahren gegenüber die Mikrophonspeisung durch Zentralbatterie ganz außerordentliche Vorteile aufzuweisen hat. Es ist deshalb nur selbstverständlich, daß die Versuche, welche, wie ich im Vorwort erwähnte, seinerzeit in Amerika bezüglich der Energieversorgung der Mikrophone durch Akkumulatorenfernladung in der geschilderten Weise vorgenommen wurden, mit dem Auftauchen des Zentralmikrophonbatteriesystems wieder aufgegeben wurden.

An die Wiederaufnahme des Gedankens der Akkumulatorenfernladung für die Zwecke der Fernsprechtechnik war demnach nur unter Ausbildung eines rationellen Verfahrens zur Verteilung der Energie zu denken.

Die vollständige Unwirtschaftlichkeit des geschilderten Verfahrens ergibt sich aus folgenden Umständen:

1. Die Verteilung der Energie nach Bedarf erfordert eine ständige Kontrolle des Energieverbrauchs bei den einzelnen Sprechstellen.

2. Die Zellen erhalten relativ große Dimensionen, da sie den Unterhalt der Sprechstelle auf längere Zeit aus ihrem Energievorrat bestreiten müssen.

3. Durch den fast dauernd gegebenen Ruhezustand der Zelle — die Entladung der Zelle im Mikrophonstromkreis kann bei der geringen Stromdichte, welche in der Zelle auftritt, kaum als Arbeitszustand in Betracht kommen — wird die Sulfatation begünstigt.

4. Die wirksame Beseitigung derselben erfordert ein relativ hohe Ladestromdichte, welche bei der relativ großen Oberfläche der Elektroden eine verhältnismäßig hohe Ladestromstärke voraussetzt.

5. Die Ladeperiode muß genau beobachtet sein, da bei Überladung mit relativ hoher Stromdichte lästige Gasentwicklung bei der Sprechstelle auftritt.

6. Die Leitung des relativ starken Ladestroms über die Sprechleitung erfordert besondere Vorkehrungen zum Schutze der feindrahtigen Multiplikatoren vor schädlicher Erwärmung und bringt große Energieverluste mit sich.

Die Frage, wie den angegebenen Schwierigkeiten wirksam begegnet werden kann, läßt sich, wie dies so oft bei technischen Problemen der Fall ist, nur durch eine planmäßige Voruntersuchung ad hoc, durch das »Gedankenexperiment«, wie Gauß gelegentlich bemerkt, entscheiden. Gedankenexperimente sind billig und nicht so zeitraubend wie ohne besondere Auswahl angestellte Dauerversuche; sie können den materiellen Versuch gewiß nicht immer überflüssig machen, allein die Gesichtspunkte, auf welche es beim Versuch ankommt, klarlegen und damit die Versuchsanordnung bestimmen. Man gelangt dann auf eine Methode, Versuche ökonomisch anzustellen; ökonomisch mit Rücksicht auf den Aufwand an Zeit und Geld.

Stellen wir zunächst den mittleren Energiebedarf einer Sprechstelle fest. Der Effektverbrauch eines modernen Kugelmikrophons für Einzelbatteriebetrieb ist ungefähr 0,15 Watt. Denken wir uns als Stromquelle einen Akkumulator, so ergibt sich als mittlere Stromstärke während des Gesprächs 75 Milliampere. Die mittlere tägliche Gesprächsziffer größerer Anlagen schwankt zwischen 10 und 15; nehmen wir die höhere Zahl für die Rechnung

Konstruktionsteile für Umschalteeinrichtungen.

Fig. 15.
Schnurgewicht mit Rolle und
Gleitschiene.

Fig. 14.
Schnurgewicht mit Rolle und
Gleitschiene (Seitenansicht).

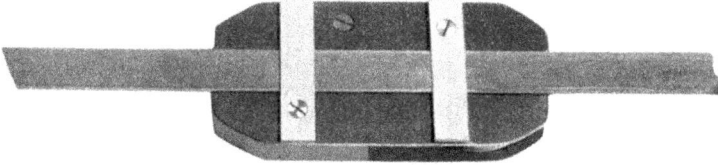

Fig. 13.
Schnurgewicht mit Rolle und
Gleitschiene in Einrückstellung.

Druck und Verlag von R. Oldenbourg, München.

an und multiplizieren dieselbe mit Rücksicht auf den bei einer Sprechstelle einlangenden Verkehr mit 2, so ergibt sich bei einer mittleren Gesprächsdauer von 3 Minuten ein mittlerer Stromkonsum von 6,75 Ampereminuten pro Tag und Sprechstelle.

Wir haben also im Mittel der einzelnen Sprechstelle theoretisch eine Strommenge von 6,75 Ampereminuten zuzuführen, um den stationären Zustand im Energieinhalt des Sprechstellenakkumulators zu erzielen; denken wir uns nun die Stromzufuhr während der Gesprächspausen vorgenommen, so ergibt sich als mittlerer Dauerladestrom $i_m$:

$$i_m = \frac{6,75}{1350} = 5 \text{ Milliampere.}$$

Bei einem Wirkungsgrade von 87 % in der Stromzufuhr beträgt demnach die zur Aufrechterhaltung des stationären Zustandes erforderliche Ladestromstärke 6,5 Milliampere.

Erhöhen wir diese Ladestromstärke auf 10 Milliampere im Mittel, so können wir sicher sein, damit für den größten Teil der Teilnehmer auszukommen und nur für die Sprechstellen mit ganz besonderem Verkehrsbedürfnis, welche ja ohne weiteres bekannt sind, besondere Stromverhältnisse wählen zu müssen; meist wird indessen ein Teilnehmer, der täglich im Mittel mehr als 50 Gespräche abzuwickeln hat, mit einem Hauptanschluß kaum auskommen und daher der Fall der besonderen Berücksichtigung in der Stromzufuhr schon aus diesem Grunde selten auftreten.

Wir sind also zu dem Schlusse gekommen, daß man mit einer mittleren Ladestromstärke von 10 Milliampere im allgemeinen die Stromversorgung der Mikrophonzellen vornehmen kann und die Notwendigkeit einer Individualisierung in der Stromzufuhr entfällt, wenn nicht der Umstand, daß mit der konstanten Energiezufuhr das Maß der überschüssigen Energie an den einzelnen Sprechstellen entsprechend deren sehr verschiedenem und schwankendem Gesprächsbedürfnis sehr verschieden wird, in irgend welcher Beziehung störende Nachteile mit sich bringt. Es ist daher erforderlich, bei der Dimensionierung der für die Dauerladung mit 10 Milliampere bestimmten Spezialzellen, auf den zuletzt genannten Umstand besonders Rücksicht zu nehmen.

## Kapitel 3.

## Die Stromquellen des gemischten Systems.

### A. Die Stromquellen der automatischen Unterzentralen (Gruppenumschalter) und der Sprechstellen.

Wie sich aus den Erörterungen über den Energiebedarf der Sprechstellen eines Fernsprechnetzes ergeben hat, ist zur Erhaltung des geladenen Zustandes der Mikrophonzellen ein Dauerladestrom von ca. 10 Milliampere innerhalb der weitesten Grenzen der Beanspruchung ausreichend; etwa mit dem Betrage von 15 Milliampere hat man bei der Stromversorgung der Gruppenstellen zu rechnen, wenn man hierbei den Stromanteil für die Inbetriebhaltung der Schaltebatterie des Gruppenumschalters berücksichtigt; für die Mikrophonzelle der Gruppenstelle kommt dabei ein Dauerladestrom von ca. 8 Milliampere in Betracht. Man wird vielleicht geneigt sein, aus diesen Zahlen Bedenken bezüglich der Akkumulatorenfernladung abzuleiten, sofern die Wahl so geringer Ladestromstärken, wie der angegebenen, zunächst gegen die übliche Unterhaltungsweise von Sammlerzellen spricht. Bedenken solcher Art werden aber wohl zerstreut, wenn man erwägt, daß die Beurteilung der Vorgänge aus der Stromstärke schlechthin gar nicht möglich ist, da die Zahlenangabe für den Ladestrom ohne gleichzeitige Kenntnis der Zellengröße nichts bestimmtes auszusagen vermag. Das Entscheidende für die Kritik elektrochemischer Vorgänge ist eben die Stromdichte, d. h. die Stromstärke pro Flächeneinheit, und von dieser Größe wollen wir bei der Dimensionierung der Mikrophonzellen ausgehen. Wenn man Preislisten über stationäre Elemente verschiedener Typen zur Hand nimmt und aus den dort angegebenen Zahlen über die höchst zulässige Ladestromstärke einerseits und die Dimensionen der Elektroden andrerseits den Wert der Stromstärke pro Flächeneinheit bestimmt, so findet man in Bestätigung der oben ausgesprochenen Behauptung eine nahezu unveränderliche Größe, nämlich pro qcm[1]) 8 bis 10 Milliampere; dies bedeutet offenbar so viel, daß eine Miniaturzelle von 1 qcm Elek-

---

[1]) Projektionsoberfläche.

trodenoberfläche unter dem Einfluß einer Ladestromstärke von nur 8 bis 10 Milliampere sich chemisch ebenso verhält wie etwa eine Batterie von 1000 Amperestunden bei dem für diese im Preisverzeichnis einer Akkumulatorenfabrik angegebenen höchstzulässigen Ladestrom von 360 Ampere. Weiterhin geht aus dem genannten Preisverzeichnis noch folgendes, für die hier zu pflegenden Betrachtungen Interessante hervor. An einer Stelle der Bedienungsvorschriften heißt es: »Die Ladung der Batterie kann mit jeder beliebig niedrigeren Stromstärke als der höchstzulässigen vorgenommen werden«; ja es wird sogar geraten, wenn nicht die Betriebsverhältnisse der betreffenden Anlage Bestimmtes vorschreiben, die Ladung mit einer mäßigeren Stromstärke vorzunehmen.

Daraus ergibt sich offenbar, daß wir bei dem für die Zwecke der Fernsprechtechnik gefundenen Ladestrom auch noch Zellen, deren Oberfläche ein Mehrfaches derjenigen des erwähnten Miniaturakkumulators beträgt, unter denselben Lebensbedingungen erhalten können, unter welchen sie in der Starkstromtechnik sich befinden. Was nun die Dimensionen der hier in Betracht kommenden Mikrophonzellen anlangt, so ergeben sich Anhaltspunkte für deren Wahl außerdem noch aus dem Werte der im Mikrophonstromkreis auftretenden Stromstärke, aus dem Verhältnis der täglichen Maximalgesprächsziffer zu deren Mittelwert und endlich aus dem schon hervorgehobenen Umstande, daß durch die Vereinheitlichung in der Energiezufuhr pro Sprechstelle unter Umständen eine erhebliche Überladung der Mikrophonzellen zu gewärtigen ist. Unter Zugrundelegung des letzten Gesichtspunktes ergibt sich für die Dimensionierung der Zelle folgende Fragestellung:

»Bei welcher Stromdichte wird einerseits die Ladung noch mit Erfolg vor sich gehen und andrerseits die Überladung ohne Schaden für die Konservierung der aktiven Masse erfolgen können?«

Zur Entscheidung dieser Frage waren eingehende Versuche über das Verhalten von Sammlerzellen bei Aufladung und Überladung mit geringer Stromdichte erforderlich, nachdem die Starkstromtechnik, welche zwar die Vornahme der Ladung mit beliebig niedrigerer Stromdichte als der angegebenen höchst zulässigen empfiehlt, eine untere Grenze für die Wahl derselben jedoch nicht bestimmt. Für diese Versuche habe ich nun eine kleine Zelle, deren Elektroden aus Platten einer vorhandenen Type herausgeschnitten waren, zusammengestellt; bei der vorläufigen Festsetzung der Plattenoberfläche wurde mangels bestimmter Unterlagen bezüglich der Wahl der günstigsten Stromdichte lediglich auf den Umstand Rücksicht genommen, daß entsprechend der gegebenen täglichen Gesprächszifferschwankung ein ausreichender Energievorrat in der Mikrophonzelle gegeben sein muß, da die Energiezufuhr konstant bleibt. Als Energievorrat habe ich den Bedarf für etwa 400 Gespräche à 3 Minuten angenommen.

Die Zelle, welche dementsprechend eine Kapazität von etwa 1,5 Amperestunden bei einer Entladestromstärke von 0,075 Ampere im Mittel aufweisen mußte, hatte eine positive Großoberflächenplatte und zwei negative Gitterplatten der Akkumulatorenfabrik Aktiengesellschaft (Fabrik Hagen i. W.) von je $3 \times 5$ cm Größe. Der Plattensatz wurde in ein Glasgefäß so eingebaut, daß über demselben ein großes Säurevolumen steht und damit der Verdunstung und Vergasung im Laufe eines größeren Zeitraumes gebührend Rechnung getragen ist. Die Zelle wurde das erste Mal den Vorschriften über die Behandlung stationärer Batterien entsprechend mit der höchst zulässigen Ladestromstärke von 0,3 Ampere aufgeladen und in der üblichen Weise intermittierend nachgeladen. Daraufhin wurde die Zelle entladen und für eine Entladeprobe während 240 Stunden mit 0,009 Ampere aufgeladen; die Entladung geschah bei einer Strombelastung von 0,22 Ampere; als Kapazität ergaben sich 1,90 Amperestunden. Die Ergebnisse der an diesem Spezialsammler während eines Dauerversuchs in den Jahren 1903, 1904 und 1905 vorgenommenen Kapazitätsproben und Untersuchungen bezüglich des Güteverhältnisses bei verschiedenen Ladestromdichten zeigt nebenstehende Tabelle.

Nach Entladeprobe I wurde der Akkumulator während eines Jahres und vier Monate dauernd bei einer Fernsprechstelle eingeschaltet gelassen und mit einem Dauerstrome von ca. 10 Milliampere unter Ladung gehalten. Am 1. X. 04 wurde der Akkumulator wieder bei der genannten Sprechstelle eingeschaltet und die Überladung durch Erhöhung der Ladestromdichte auf 5 % des höchst zulässigen Werts forciert. Aus der letzten Entladeprobe am 27. XII. 05 geht hervor, daß auch diese Überladung

| Nr. | Datum | Dauer der Ladung in Stunden | Stromstärke in Ampere | | Entladespannung | | Amperestunden | | Güteverhältnis | Stromdichte in % der höchst zuläss. Ladung |
|---|---|---|---|---|---|---|---|---|---|---|
| | | | Ladung | Entladung | Beginn | Ende | zugeführt | entnommen | | |
| I. | 24. III. 03 | 240 | 0,009 | 0,22 | 2,05 | 1,82 | 2,16 | 1,90 | 88 % | 2,56 |
| II. | 8. IX. 04 | 11660 | 0,01 | 0,212 | 2,05 | 1,82 | — | 2,25 | — | 2,86 |
| III. | 9. IX. 04 | 191 | 0,01 | 0,212 | 2,05 | 1,82 | 1,91 | 1,66 | 87 » | 2,86 |
| IV. | 17. IX. 04 | 233 | 0,005 | 0,212 | 2,05 | 1,82 | 1,17 | 1,02 | 87 » | 1,43 |
| V. | 27. IX. 04 | 13,9 | 0,15 | 0,218 | 2,1 | 1,88 | 2,1 | 1,93 | 92 » | 42,7 |
| VI. | 28. IX. 04 | 13,9 | 0,099 | 0,218 | 2,1 | 1,88 | 1,38 | 1,27 | 92 » | 28,4 |
| VII. | 27. XII. 05 | — | 0,01 | 0,22 | 2,1 | 1,82 | — | 2,25 | — | 2,86 |

der Zelle keinen Schaden beibrachte. Bei höheren Ladestromdichten tritt unter dem Einfluß der Überladung schon sichtbare Gasentwicklung auf; es wurden deshalb Versuche bezüglich des Einflusses der Überladung mit höheren Ladestromdichten nicht vorgenommen; zudem kommt ein derartiger Versuch für die praktische Verwertung hier auch gar nicht in Betracht. Aus dem Dauerversuch läßt sich nun folgendes Ergebnis und damit die Antwort auf die für die Dimensionierung der Zelle wichtige Fragestellung ableiten:

»Die Gesamtwirkung aller bei der Energieverteilung durch Akkumulatorenfernladung in Betracht kommenden Faktoren ist dann am vorteilhaftesten für die Ökonomie des Betriebes, wenn die Ladestromdichte etwa 3 bis 5% der höchst zulässigen Stromdichte beträgt, da in diesem Falle einerseits noch ein Güteverhältnis von ca. 87% für die Ladung — auf den Vergleich der Elektrizitätsmengen bezogen — sich ergibt und andrerseits der Einfluß dauernder Überladung bei dieser Stromdichte sich nicht nur nicht schädlich erweist, sondern vielmehr zur Hintanhaltung von Sulfatation sogar nützlich ist.«

Fig. 4 zeigt eine nach den gegebenen Gesichtspunkten dimensionierte Sammlerzelle für Teilnehmersprechstellen im An

schluß an Zentralen mit Energieverteilung durch Akkumulatorenfernladung. Neben der auffallenden Kleinheit der Elektroden
unterscheidet sich diese Zelle vor den vorhandenen, zu technischen Zwecken verwendeten Typen durch die besonderen Ab-
messungen des Säuregefäßes und die Isolierung der Stromzufüh-
rungen und gewährleistet eben durch diese Besonderheiten eine
praktische, jede Wartung auf lange Zeit entbehrlich machende
Verwendung in der Schwachstromtechnik. [1])

Für die Dimensionierung der Zellen bei den automatischen
Gruppenumschaltern kommt die Frage in Betracht, ob es sich
um eine Batterie für mehrere Gruppenumschalter handelt — der
normale Fall — oder ob, was bei exponierten Verteilungspunkten
eintreten wird, jeder Gruppenumschalter seine eigene Stromquelle
bekommen muß. Immer aber wird die Befolgung der für die
Dimensionierung der Zellen angegebenen allgemeinen Regel zum
Ziele führen und die jeweils erforderliche Zellentype einfach
bestimmen lassen.

So ergibt sich beispielsweise für die Bemessung der Schaltebatterie eines Gruppenumschalters mit zehn Anschlußleitungen
folgende Rechnung:

Die Schaltebatterie bedarf pro Gruppenstelle eines Dauer-
ladestroms von etwa 8 Milliampere. Der Dauerladestrom für die
Schaltebatterie beträgt mithin insgesamt 80 Milliampere. Nehmen
wir, nachdem die Beanspruchung der Schaltebatterie naturgemäß
gleichmäßiger ist als jene einer einzelnen Mikrophonzelle und
damit geringere Überladung zu gewärtigen ist, ca. 5 % Stromdichte für die Ladung an, so muß die zu verwendende Zelle so
bemessen sein, daß deren höchst zulässige Ladestromstärke etwa
1,5 Ampere beträgt.

### B. Die Energielieferungsanlage bei der Handbetriebszentrale.

Die jährlichen Kosten der pro Anschluß erforderlichen elektrischen Energie betragen unter Zugrundelegung eines Grund-
preises von 20 Pf. pro KW-Stunde etwa 40 Pf. für Haupt-
anschlüsse mit oder ohne Handbetriebszwischenumschalter, und
etwa M. 1,50, wenn es sich um Selbstanschlußgruppenstellen

---

[1]) Siehe auch E. T. Z. 1905, Heft 34, S. 792.

Konstruktionsteile für Umschalteeinrichtungen.

Fig. 18.
Tasterumschalter.

Fig. 17.
Umschaltehebel.

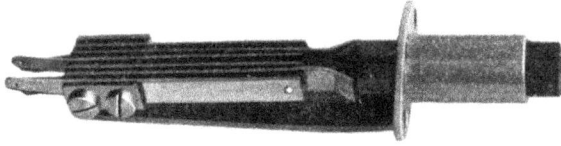

Fig. 16.
Stecker mit Schnurleitung.

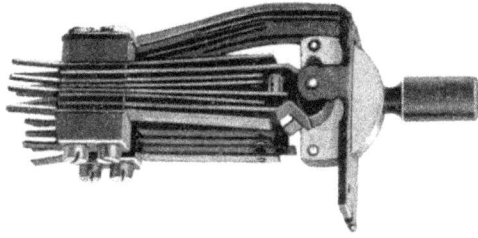

Druck und Verlag von R. Oldenbourg, München.

handelt. Aus diesen Zahlen geht die Ökonomie dieser Energieverteilung, mit welcher sich die Vorzüge des gemischten Systems
vor dem Magnetbetriebssystem relativ einfach verbinden lassen,
gegenüber der Energieversorgung mit Primärelementen deutlich
hervor. Dabei ist auf reichliche Dimensionierung zur Erzielung
absoluter Betriebssicherheit in den Funktionen der Schalter
weitestgehende Rücksicht genommen; insbesondere kommen
durchwegs kräftige Federrelais einfachster und dauerhafter Konstruktion in Betracht, welche zwar weit weniger stromsparend
als die in der Fernsprechtechnik meist üblichen Konstruktionen
arbeiten, dafür aber bei billiger Herstellung möglichste Unver-
änderlichkeit in der Einstellung und große Arbeitsgeschwindig-
keit gewährleisten.

Zur Erzielung der mitgeteilten Ziffern über die jährlichen
Stromkosten pro Anschluß ist natürlich eine ökonomische Um-
wandlung der jeweils verfügbaren Starkstromspannung in die
erforderliche Gleichspannung Voraussetzung. Beim Betrieb großer
Ämter ist diese Voraussetzung mit den bekannten Umformern
immer erfüllbar. Dagegen eignen sich für den Betrieb mittlerer
und kleinerer Fernsprechanlagen, die pro Jahr mit einem Energie-
quantum von einigen tausend KW-Stunden auskommen, die
gebräuchlichen Einrichtungen nicht, wenn es sich um den Anschluß der Fernladeeinrichtung an Gleichstromnetze handelt und
neben der Erzielung der durch die Konstanz der Mikrophonstromquelle, den automatischen Anruf, das doppelte automatische Schlußzeichen und das selbsttätige Gruppenstellensystem gegebenen technischen Vorteile des gemischten Systems auch noch ein wesent-
licher Wert auf möglichst niedrige Stromkosten gelegt wird.

In diesem Falle führt folgendes Verfahren der Spannungsteilung zum Ziel.

Die zur Verfügung stehende Gleichspannung wird durch
Gegenschaltung einer entsprechenden Sammlerbatterie kompensiert und diese in Gruppen von je $n$ Zellen, welche regelmäßig
mit der jeweils arbeitenden Gruppe von gleichfalls $n$ Zellen in
bestimmten Zeitintervallen vertauscht werden sollen, an eine
selbsttätige Schaltvorrichtung zur Vertauschung der Gruppen
angeschlossen.

4*

Entsprechend einer Starkstromnetzspannung von beispielsweise 110 Volt wären demnach drei Sammlergruppen à 23 Elemente an den selbsttätigen Spannungsteiler anzuschließen, wo-
von zwei Gruppen die Netzspannung zu kompensieren hätten,
während die dritte Gruppe durch Erdmittelleiter in die Gebrauchsspannungen 14 und 32 Volt geteilt, auf das Schwachstromverteilungsnetz arbeitet. Die Schaltungsanordnung für die Spannungsteilung ist aus dem in Fig. 5 gegebenen Stromlaufschema, welches
zwei Elemente des selbsttätigen Schalters nebst den zugehörigen
Batteriegruppen enthält, dargestellt. Die Stellung des Schalterelements A zeigt die Ladestellung, jene des Schalterelements B
die Entladestellung je einer Sammlergruppe. Der Stromlauf ist
hierbei folgender:

## A. Ladestromkreis.

+ 110 Volt — Kontakt 1 — 2 — (+) Pol der Batterie I a —
(+) Pol der Batterie I b — Kontakt 3 — 4 — Verbindungsleitung $l_1$
zum Schalterelement B der Gruppe II — Kontakte 5 — 6 — 7 — 8
— Abzweigpunkt 9 Verbindungsleitung $l_2$ zum Schalterelement C
der Gruppe III . . . . . . . (—) 110 Volt.

## B. Entladestromkreis.

1. Positiver Außenleiter der Schwachstromverteilung: (+) 14 Volt der Gruppe II a — Kontakt 10 — 11 — Abzweigpunkte 12 — 13 — (+) Außenleiter des Schwachstromnetzes — Erdleitungen der Teilnehmersprechstellen — geerdeter
Mittelleiter der Schwachstromverteilung — Abzweigpunkte 14 —
15 — Kontakte 16 — 17 Verzweigungspunkt 18 — (—) 14 Volt von
Gruppe II a.

2. Negativer Außenleiter der Schwachstromverteilung: (—) 32 Volt der Gruppe II b — Kontakte 20 — 21 —
Abzweigpunkte 22 — 23 — (—) Außenleiter des Schwachstromnetzes — Erdleitungen der Teilnehmersprechstellen — geerdeter
Mittelleiter der Schwachstromverteilung — Abzweigpunkte 14 —
15 — Kontakte 16 — 17 Verzweigungspunkt 18 — (+) 32 Volt von
Gruppe II b.

Der selbsttätige Spannungsteiler wird durch ein elektrisches
Schaltwerk W (Fig. 6) betätigt. Ein Schaltmagnet M ist zu diesem

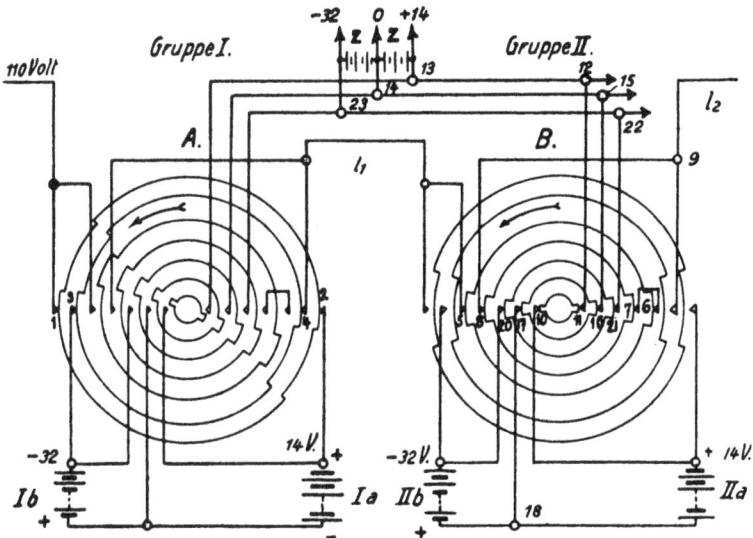

Fig. 5. **Selbsttätiger Spannungsteiler** (Schaltungsanordnung).

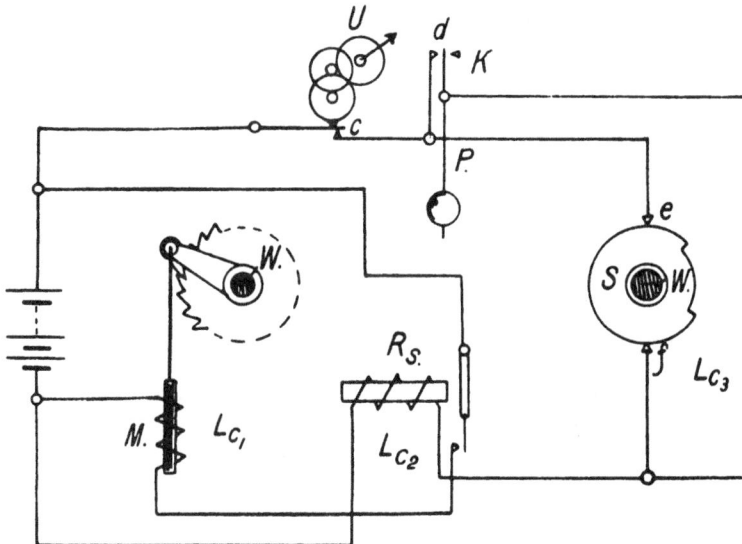

Fig. 6. **Selbsttätiger Spannungsteiler** (Schaltungsanordnung für die Antriebsvorrichtung).

Zweck in den Lokalstromkreis $L_{c_1}$ eines Relais $R_s$ eingeschaltet, welches durch eine elektrische Uhr $U$ über den Kontakt $c$ eines Lokalstromkreises $L_{c_2}$ in bestimmten Zeitintervallen, beispielsweise alle drei Stunden, vorübergehend geschlossen wird und so die Förderung der Schaltwelle $W$ des Spannungsteilers um einen Schaltschritt veranlaßt. In den Lokalstromkreis $L_{c_3}$ ist ferner noch eine mit dem Uhrpendel $P$ in Verbindung gebrachte Kontaktvorrichtung $K$ für intermittierende Stromgebung einbezogen, deren Wirkung indessen für den genannten Stromkreis $L_{c_3}$ so lange latent bleibt, als die auf der Schaltwelle $W$ sitzende Kontaktscheibe $s$ die Kontakte $e$ und $f$ geschlossen hält. Diese Einrichtung hat den Zweck, die Verwendungsmöglichkeit des Spannungsteilers in einer einzigen Ausführungsform für beliebige Gebrauchsspannungen sowohl auf der Starkstrom- wie Schwachstromseite zu schaffen. Man denke sich beispielsweise einen Spannungsteiler mit sieben Schalterelementen der aus Fig. 5 ersichtlichen Konstruktion für die Spannungsteilung beim Anschluß an eine Starkstromanlage mit 110 Volt Gleichspannung gegeben. Wie aus dem Vorstehenden hervorgeht, erfordert diese Spannungsteilung bei Gebrauchsspannungen von 14 bzw. 30 Volt auf der Schwachstromseite lediglich drei Schaltelemente, entsprechend drei Gruppen von je 23 Sammlerzellen. Nachdem nun der einzelne Schaltschritt des siebenstufigen Spannungsteilers nur $1/_{14}$ des Umfangs beträgt und nach jedem Schaltvorgang eine Pause entsprechend der festgesetzten Zeit eintritt, würde das Schwachstromnetz auf die Dauer der Gruppenwechsel III—VII spannungslos werden, wenn nicht dafür Sorge getragen würde, daß dieser Gruppenwechsel in rascher Folge sich vollzieht. Diese Aufgabe zu erfüllen, ist nun Sache des Schließungsbogens $L_{c_2}$; die Scheibe $s$ wird nämlich auf die Länge des Kreisbogens hin, in welchem der Gruppenwechsel III—VII sich vollzieht, mit einer Aussparung versehen, welche den Kontaktschluß $e$—$f$ aufzuheben geeignet ist und damit, solange Kontakt $c$ den Stromkreis $L_{c_2}$ geschlossen hält, die Fortschaltwirkung des intermittierenden Kontaktes $d$ am Uhrpendel $P$ zur Geltung gelangen läßt. Es wird demnach das Schwachstromverteilungsnetz nur vorübergehend kurze Zeit spannungslos, nämlich so lange, bis der Gruppenwechsel der arbeitenden Sammlerbatterie sich jeweils

vollzogen hat. Erscheint auch diese kurze Zeit der Stromunter-
brechung unzulässig, so bedarf es nur der Ergänzung der Anlage
durch eine kleine, ständig an der Schwachstromverteilung an-
geschaltete Pufferbatterie Z, welche während der kurzen Zeit des
Gruppenwechsels die Energielieferung zu übernehmen hat, in
der übrigen Zeit sich dagegen in Parallelschaltung mit der eigentlich arbeitenden Sammlergruppe befindet. Die Ausführung eines
derartigen Spannungsteilers', der eine Umformung der verfügbaren Gleichspannung in die erforderliche Gebrauchsspannung
mit etwa 78 % Wirkungsgrad ermöglicht, zeigt Fig. 7.

Wie aus dem Vorstehenden hervorgeht, bedarf die Stromlieferungsanlage unter Verwendung eines Spannungsteilers diesen
Systems im Normalzustand keinerlei Wartung. Die jeweils aus
der Arbeitsstellung in die Ladestellung automatisch übergeführten
Batteriegruppen nehmen ganz von selbst gerade so viel[1]) Strom
auf, als zum Ersatz der abgegebenen Energie erforderlich ist;
denn die Stromzufuhr aus dem Netze wird durch die mit der
Ladung steigende Gegenspannung der aufgeladenen Sammler
bei richtiger Zellenzahl zur rechten Zeit aufgehoben. Von dem
Normalzustand der Anlage kann sich der Aufsichtsbeamte der
Umschaltestelle durch einen Blick auf ein im Aufsichtszimmer
befindliches Kontakt- bzw. selbstregistrierendes Voltmeter über-
zeugen, das den jeweiligen Spannungszustand der Stromlieferungsanlage erkennen läßt und auf Unregelmäßigkeiten durch Abgabe
eines Signals jederzeit aufmerksam macht.

Kommt es auf eine möglichste Ökonomie der Energieverteilung nicht an, was für kleine Anlagen in der Regel der Fall
sein wird — der Einfluß der Stromkosten auf die Gesamtunter-
haltungskosten pro Anschluß ist ja keinesfalls bedeutend — dann
genügt bei Zweileiter- oder Dreileiteranlagen ohne geerdeten
Mittelleiter die Aufstellung eines kleinen rotierenden Umformers
mit einer parallelgeschalteten Pufferbatterie als Ersatzstromquelle
im Störungsfalle des Starkstromanschlusses bzw. des Umformers
oder bei Gleichstrom-Dreileiteranlagen mit geerdetem Mittelleiter
lediglich die Aufstellung einer kleinen Sammlerbatterie von der

---

[1]) Natürlich ist hierbei dafür Sorge getragen, daß der Ladestrom
den für die jeweilige Batterie höchst zulässigen Wert nicht übersteigen kann.

erforderlichen Gebrauchsspannung, die unter Vorschaltung eines
entsprechenden Widerstandes dauernd an das Gleichstromnetz
angeschaltet wird. Unter diesen Verhältnissen beziffern sich die
jährlichen Stromkosten pro Anschluß, je nachdem es sich um
einen Hauptanschluß, Handbetriebsnebenanschluß oder selbsttätigen Gruppenstellenanschluß handelt, auf etwa M. 2 bis 3 bei
einem Einheitspreis von ca. 20 Pf. für die KW-Stunde, ein Betrag,
der die spezifischen Kosten für die Energieversorgung mit Primärelementen noch nicht erreicht und gegenüber den Vorteilen, die
schon allein die Schaffung einer gleichmäßig arbeitenden, dauernd
in vorzüglichem Zustande befindlichen und keine Wartung er-
heischenden Mikrophonstromquelle für die Sprachübertragung
mit sich bringt, keine nennenswerte Rolle spielt.

Es ist daher durch die Konstruktion der beschriebenen
Spezial-Sammlertype für die Zwecke der Schwachstromtechnik
bei Einhaltung des für die Lebensfähigkeit der Zellen einerseits
und die praktische Verwendbarkeit der Fernladung andrerseits
angegebenen Verfahrens die Möglichkeit gegeben, die in den
immer zahlreicher werdenden Elektrizitätswerken geschaffenen
ökonomischen Quellen elektrischer Energie auch für die Energieversorgung in den Schwachstromnetzen mit wirtschaftlichem
Nutzen und betriebstechnischen Vorteilen in weitestgehendem
Maße heranzuziehen.[1]

Kapitel 4.

## Die Handbetriebszentrale des gemischten Systems.

### A. Der Anrufapparat.

(Hierzu Tafel III, Anhang.)

Der Anrufapparat der Handbetriebszentrale ist zur Ermöglichung der erforderlichen Energieverteilung für Ruhestrombetrieb
eingerichtet. Bei einzelnen Teilnehmersprechstellen mit eigener
Anschlußleitung zum Amte erfolgt die Energieverteilung über
einen Ast der Sprechleitung und Erde, bzw. den Bleimantel des

---

[1] Siehe auch E. T. Z. 1905, Heft 34, S. 792: »Über Schwachstrom-
lieferungsanlagen im Anschluß an Starkstromnetze.«

Schnurloser Handbetriebszwischenumschalter
für 4 Doppelleitungen.

Fig. 20.

Schnurloser Handbetriebszwischenumschalter für 4 Doppelleitungen
(geöffnet).

Druck und Verlag von R. Oldenbourg, München.

Kabels als Rückleitung. In den stromdurchflossenen Ast der Sprechleitung ist das Anrufrelais eingeschaltet, welches unter dem Einfluß des Ladestroms seinen Anker angezogen hält und damit den Signalstromkreis (Anruflampenstromkreis) unterdrückt. Der Anruf des Amts seitens des Teilnehmers erfolgt demnach einfach dadurch, daß er die Leitung mit Abnehmen des Hörers vom Hakenumschalter isoliert und so den Ladestromkreis unterbricht. Durch abwechselndes Auf- und Abbewegen des Hakenumschalters kann dann der Teilnehmer sich beim Amt besonders bemerkbar machen, da in diesem Falle die Anruflampe Flackersignale gibt, wie dies aus dem Betrieb von Zentralmikrophonbatterieämtern bekannt ist. Beim Anschluß von Teilnehmerstellen mit Handbetriebszwischenumschaltern erfolgt die Fernladung für die Zwischenstelle ebenso wie bei einzelnen Sprechstellen über das Anrufrelais und den »a« Ast (Leitung $L_1$) der Sprechleitung, die Fernladung für die Nebenstellen dagegen über einen Ladewiderstand und den »b« Ast der Sprechleitung. Die gemeinsame Rückleitung ist wieder Erde oder der Kabelbleimantel, welcher im Schwachstromverteilungsnetz die Rolle eines Mittelleiters einer Dreileiteranlage übernimmt. Ähnlich ist auch die Schaltungsanordnung für den Anschluß von Selbstanschlußgruppenumschaltern (automatischen Unterzentralen) an die Handbetriebszentrale; auch hier vollzieht sich die Ladung auf beiden Leitungsästen, jedoch gleichmäßig verteilt; es wird dies dadurch erreicht, daß beide Sprechleitungsäste an den Ruhekontakten des Abschalterelais (Trennrelais T. R.) kurz geschlossen werden; der Potentialabfall bis zu diesem Vereinigungspunkt wird mittels des Ladewiderstandes im »b« Ast so reguliert, daß der hieraus resultierende Stromfluß durch das Anrufrelais genügt, um dessen Anker in Arbeitsstellung zu halten.

Besondere Einrichtungen stellen die Schaltungen C und D des Tafel III (siehe Anhang) dar.

Erstere Schaltung dient zum Anschluß von selbsttätigen mechanischen Zählern, letztere zum Anschluß von selbstkassierenden Sprechstellen. Die Einzelheiten dieser Einrichtungen können am besten aus dem Schema und den zugehörigen beschreibenden Tabellen und Stromläufen ersehen werden. (Siehe Anhang, Tafel III, C und D, Tabelle IX, X, XI und XII.)

## B. Der Verbindungsapparat.

(Hierzu Tafel II mit Tabelle I, II, III, IV, V, VII und VIII.)

Wie der Anrufapparat sein charakteristisches Gepräge durch die Einrichtung für den Ruhestrombetrieb aufweist, so erhält der Verbindungsapparat zufolge der Rückwirkung des Selbstanschlußgruppenstellensystems auf die Handbetriebszentraleneinrichtung als wesentlich Neues gegenüber dem Bestehenden eine Einrichtung zur Herstellung vormerkweiser Verbindungen. Das automatische Gruppenstellensystem soll unter anderem bekanntlich durch den Anschluß mehrerer Teilnehmer an eine gemeinsame Amtsanschlußleitung die bessere Ausnutzung dieser erzielen lassen. Daraus ergibt sich, daß mit Einführung des automatischen Gruppenstellensystems die mittlere Gesprächsziffer pro Amtsanschlußleitung künstlich gesteigert wird. Wenn man nun die Statistik[1] über den Wirkungsgrad der in der Zentrale innerhalb eines bestimmten Zeitraums hergestellten Verbindungen, also über das Verhältnis der veranlaßten Verbindungen zu den wirklich zustandegekommenen nachliest, so kommt man zu der Erkenntnis, daß dieser Wirkungsgrad mit steigender Gesprächsziffer rasch abnimmt. Dies bedeutet für die Frage des Gruppenstellenbetriebs bei der zurzeit gegebenen technischen Ausrüstung der Handbetriebszentralen ein ungünstiges Moment, das den angestrebten Zweck einer derartigen Einrichtung nur recht unvollkommen erreichen lassen kann; denn hat man es heute, bei einer mittleren täglichen Gesprächsziffer von ca. 10 pro Anschluß schon mit 12 bis 23 % Ausschußverbindung (infolge Belegtseins) zu tun, so ist mit ausgiebiger Anwendung des Gruppenbetriebs eine solche Zunahme derselben zu erwarten, daß auch bei der angestrengtesten Arbeit des Umschaltepersonals dem telephonierenden Publikum nicht mehr ausreichend gedient ist. So viel auch in der Frage des automatischen Nebenstellensystems gearbeitet wurde, so habe ich diesen zweifellos grundlegenden Gesichtspunkt für die Betriebsökonomie der Gruppenstellen noch nirgends vom Konstrukteur erwogen gefunden.

---

[1] Siehe: Proceedings of the Institution of Electrical Engineers, London, Bd. V, 1905, S. 290.

Diese Gegenläufigkeit der Wirkungen, nämlich die Verschlechte-
rung des Wirkungsgrades der Bedienung mit Verbesserung der
Leitungsausnutzung, die einen nennenswerten Fortschritt im Fernsprechwesen durch Einführung des Gruppenbetriebs meines Er-
achtens nicht aufkommen lassen könnte, muß beseitigt werden.
Der Weg hierzu bietet sich durch die Schaffung einer Einrichtung zur vormerkweisen Verbindung im Falle des Belegtseins
des gewünschten Teilnehmers. Bei dieser Einrichtung ist demnach die Bearbeitung folgender Aufgabe erforderlich:

1. Ausschluß des vorgemerkten Teilnehmers von der bestehenden Verbindung und damit Ausschluß des Mithörens der im Gange befindlichen Gespräche durch diesen.

2. Selbsttätige Bekanntgabe des Augenblicks, in welchem
   die Gelegenheit zur Abwicklung des vorgemerkten Gesprächs sich bietet.

Zu dem Zwecke habe ich dem bekannten kombinierten
Sprech- und Rufhebel der Schranktastatur noch einen Vormerkhebel beigegeben, durch dessen Umlegen in die Dauerstellung
einerseits die Abschaltung der Schnurleitungen des Verbindungssteckers vom Übertrager, andrerseits die Vertauschung der an der
dritten Steckerleitung liegenden Kontrollspannung mit einem
Signalrelais bewirkt wird. Dieses Signalrelais hat den Zweck,
in Verbindung mit einer Signallampe (Vormerklampe) den Augenblick bekannt zu geben, in welchem beide Teilnehmer, die vormerkweise miteinander verbunden sind, eben keinen telephonischen Gesprächsverkehr unterhalten. Sobald dieser Augenblick
durch die Signallampe der Beamtin bekannt gegeben wird, hat
sie nur durch vorübergehendes Umlegen des Vormerkhebels in
die Ruflage beiden Teilnehmern gleichzeitig das Wecksignal zu
geben und dann den Vormerkhebel in Durchsprechstellung zurück-
gehen zu lassen, um das Gespräch in der beliebige Zeit vorher
eingeleiteten Verbindung zur Ausführung kommen zu lassen.
Wenn man bedenkt, welche Annehmlichkeit eine solche Einrichtung für das telephonierende Publikum mit sich bringt, das
im Verkehr mit lebhaft in Anspruch genommenen Sprechstellen
genötigt ist, oft mehrmals den Anruf zu wiederholen, wenn man
erwägt, daß durch das geschilderte Verfahren der vormerkweisen

Verbindung die Ausnutzungsmöglichkeit der Leitungen, welche mit stark belasteten Sprechstellen verbunden sind, steigt, endlich für das Personal eine große Anzahl zweckloser Verbindungen entfällt und damit zweifellos bei gleichem Arbeitsquantum mehr Teilnehmer pro Arbeitsplatz bedient werden können als jetzt, so darf man sicher erwarten, daß eine so einfache technische Einrichtung auch schon bei dem heute gegebenen Hauptanschlußsystem, ganz abgesehen von der Zweckmäßigkeit derselben für das Gruppenstellensystem, vom Publikum sowohl als auch von den Verwaltungen angestrebt wird. Ich darf hier betonen, daß durch die Schaltungsanordnung, wie ich sie entworfen habe, keinerlei Nachteile für den raschen Gang des Gesprächsverkehrs erwachsen. Der Teilnehmer, welcher das Amt ruft und wegen augenblicklichen Belegtseins des gewünschten Teilnehmers die Antwort: »Vorgemerkt« erhält, kann unbeschadet dieser Vormerkung in der Zwischenzeit sowohl selbst weitere Gesprächsverbindungen erledigen, als auch von anderen Teilnehmern des Netzes angerufen werden. Die Einrichtung trägt ja dafür Sorge, daß der erste Augenblick, in welchem die beiden in die vormerkweise Verbindung einbezogenen Teilnehmer frei sind, der Beamtin mitgeteilt wird, um diesen im Interesse des Teilnehmers und zum ökonomischeren Betriebe der Leitung zu nutzen. In der geschilderten Form bedeutet diese Einrichtung also sowohl für den Teilnehmer als auch für die Verwaltung lediglich einen Gewinn an Zeit und Geld.

Besondere Einrichtungen für den Verbindungsapparat zum Zwecke der selbsttätigen mechanischen Zählung der Gespräche bzw. zum Betriebe selbstkassierender Sprechstellen mit mechanischer Einkassiervorrichtung und automatischer elektrischer Rückgabe zeigen die Tafeln VII und VIII. Das für die Gesprächsregistrierung hierbei gewählte Arbeitsprinzip des automatischen Schaltapparates ist folgendes:

Wenn der Teilnehmer A beispielsweise das Amt in bekannter Weise anruft und der Beamtin seinen Wunsch, mit Teilnehmer B verbunden zu werden, mitgeteilt hat, so drückt diese nach Einführung des Verbindungssteckers in die betreffende Vielfachklinke den Sprech- und Rufhebel in die Ruflage, den Teilnehmer B zum Gespräch herbeirufend. Gleichzeitig erregt die

Beamtin ein Zeitrelais (Blockrelais B. R.), welches in Ruhezustand
die Wicklung des Überwachungsrelais kurzschließend dasselbe
dem Linienstromkreis gegenüber unwirksam macht, es also
blockiert. Mit der Erregung des Zeitrelais wird demnach die
Sperrung des Überwachungsrelais aufgehoben und dieses dem
Stromdurchgang freigegeben; nachdem nun vom Amt zum gerufenen Teilnehmer Strom fließt, bis dieser seinen Hörer aushängt, wird das Überwachungsrelais ebensolange in Arbeitslage
verharren. Die Einrichtung ist weiter so getroffen, daß das Überwachungsrelais im erregten Zustande das Blockrelais in Arbeitsstellung überführt und so festhält. Es kann demnach das Blockrelais den Rückgang in die Ruhelage erst antreten, wenn der
gerufene Teilnehmer den Hörer vom Haken nimmt, d. h. wenn
er sich am Apparat meldet. Die Rückgangsperiode ist etwa
7 Sekunden, so daß nach Ablauf dieser Zeit die Blockierung des
Überwachungsrelais wieder eintritt. Es kommt nun darauf an,
ob der sich am Apparat meldende Teilnehmer der von A gewünschte Teilnehmer B ist, was immer zutrifft, wenn die Beamtin bei Herstellung der Verbindung sich in der Wahl der
Vielfachklinke nicht getäuscht hat, oder nicht. In ersterem Falle
treten die beiden Teilnehmer ins Gespräch ein und das Blockrelais geht während des Gesprächs in die Ruhelage zurück, das
Überwachungssignal nach Gesprächsbeendigung und Einhängen
der Hörer unterdrückend. In letzterem Falle dagegen hat Teilnehmer A, nachdem er das Vorliegen einer Fehlverbindung
konstatiert hat, Gelegenheit, durch Einhängen seines Hörers das
Schlußrelais und das damit elektrisch gekoppelte Überwachungsrelais zu erregen, noch ehe das Blockrelais seine Ruhelage erreicht hat; dies hat aber zur Folge, daß nunmehr das Blockrelais wieder in Arbeitsstellung gebracht wird und so lange darin
verharrt, bis die Beamtin die Verbindung trennt bzw. in dieselbe eintritt.

Es entspricht demnach jeder rechtmäßig und wunschgemäß
zustande gekommenen Verbindung das Aufleuchten nur einer
Lampe, der Schlußlampe, jeder Fehlverbindung das Aufleuchten
beider Lampen, der Schlußlampe und Überwachungslampe. Es
bedarf wohl keiner näheren Erörterung, daß mit der richtigen
Registrierung der Fehlverbindung auch die Fälle des Belegtseins

und des Nichtzustandekommens der Verbindung wegen Nicht-
erscheinens des gerufenen Teilnehmers ordnungsgemäß Berücksichtigung finden. Die Art und Weise, wie die jeweils sich einstellenden Signalisierungsvorgänge mit dem Zählwerke in Verbindung gebracht werden, ist am besten aus den Tabellen IX,
X, XI, XII nebst den zugehörigen Stromlaufbeschreibungen sowie den zugehörigen Zeichnungen zu ersehen.

Es erübrigt noch auf die Wahl der Zeitdauer für die Rück-
laufperiode des Blockrelais mit einigen Worten einzugehen. Der
Rückgang des Blockrelais beginnt mit dem Augenblick des Erscheinens des gerufenen Teilnehmers am Apparat und währt
ca. 7 Sekunden. In dieser Zeit muß sich zwischen den beiden
Teilnehmern folgender Vorgang abspielen können:

1. Der gerufene Teilnehmer meldet sich nach Aushängen
des Hörers mit seinem Namen oder einer für die Sprechstelle charakteristischen Mitteilung, wie: »Hier Firma N.«

2. Der rufende Teilnehmer erwidert, gleichfalls seinen
Namen nennend, bzw. durch eine entsprechende Mitteilung der gewünschten Sprechstelle sich zu erkennen
gebend.

3. Der gerufene Teilnehmer antwortet hierauf etwa durch
eine Begrüßung oder mit einer Frage nach dem Wunsche
des rufenden Teilnehmers.

4. Die Teilnehmer treten in das Gespräch.

Durch Versuche hat sich ergeben, daß bis zum Beginn des
eigentlichen Gesprächs im Mittel etwa 5 bis 7 Sekunden vergehen.

Wenn nun der rufende Teilnehmer irrtümlicherweise mit
einer anderen Sprechstelle als der gewünschten verbunden wurde,
so bleiben in dem geschilderten einleitenden Gespräch offenbar
Ziffer 2, 3 und 4 weg, namentlich dann, wenn der Teilnehmer
bei Übernahme seiner Sprechstelle seitens der Verwaltung die
Weisung erhalten hat, den Hörer an den Haken zu hängen, sobald die sich nach Herstellung einer Verbindung meldende
Sprechstelle nicht die gewünschte ist bzw. aus der Art der Mitteilung als solche nicht erkannt wird; vielmehr wird in diesem
Falle der rufende Teilnehmer gemäß der genannten Weisung
seinen Hörer mit den Worten: »Falsch verbunden« bzw. mit

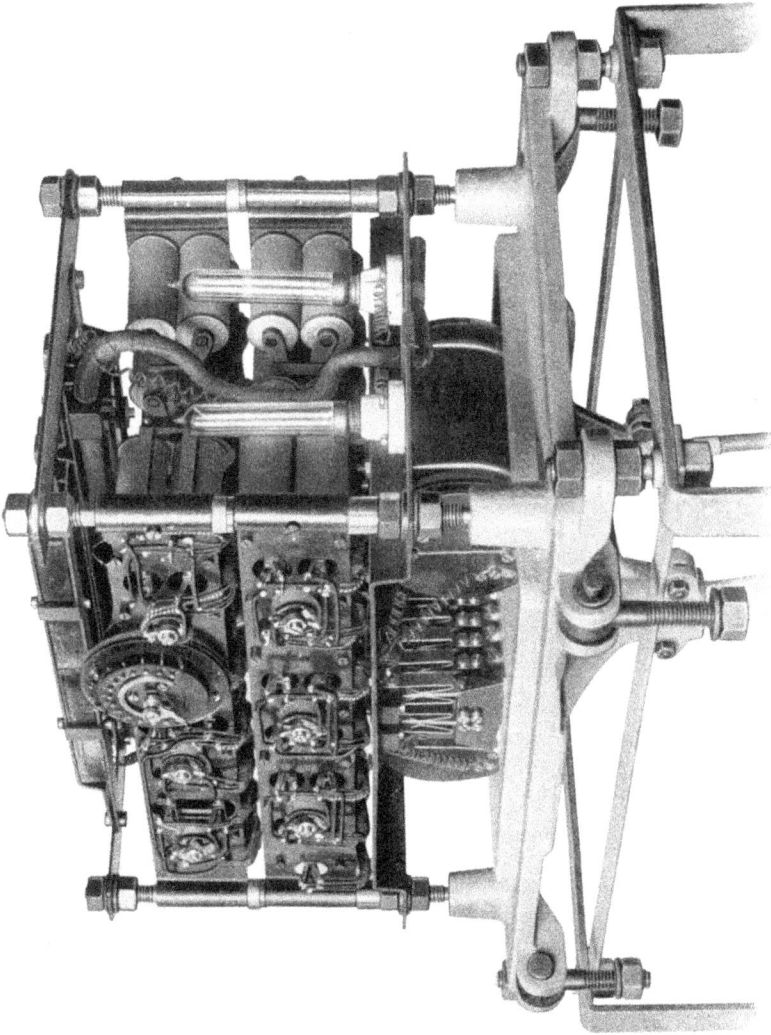

Automatische Unterzentrale G 10/1 (Schutzglocke abgenommen).
Raumbedarf: 500 × 600 × 600 mm.

Druck und Verlag von R. Oldenbourg, München.

einer ähnlichen aufklärenden Mitteilung für den mit ihm ver-
bundenen Teilnehmer einhängen. Es wird demnach gegebenenfalls die Feststellung einer Fehlverbindung etwa in derselben
Zeit erfolgen können, wie das einleitende Gespräch im Falle
einer ordnungsgemäß hergestellten Verbindung, so daß mit dem
Einhängen des Hörers in ersterem Falle einerseits die Beeinflussung des Schaltapparates auf dem Amte richtig geschieht, in
letzterem Falle andrerseits mit Beginn des Gesprächs auch schon
die Zählung desselben vorbereitet ist, um nach Beendigung derselben, auch wenn es sich nur um ein kurzes Gespräch handelte,
vor sich zu gehen. Freilich kann nicht bestritten werden, daß
bei diesem Verfahren der selbsttätigen Gesprächsregistrierung
nach der jeweils sich einstellenden Rechtslage die Übermittelung
einzelner Worte ohne Zählung im Amte möglich ist, wenn es
die betreffenden Teilnehmer darauf abgesehen haben, ohne Ge-
bührenentrichtung einige verabredete Worte miteinander zu
wechseln; ebenso muß zugegeben werden, daß besonders säumige
Teilnehmer im Falle einer Fehlverbindung aus Nichtachtung der
erwähnten Weisung um die Gebühr eines Gesprächs zu Schaden
kommen. Wenn man aber bedenkt, daß die Gesprächsregistrierung durch Aufschreibung im Amte bzw. durch manuelle Betätigung eines Zählwerks[1]) keineswegs fehlerlos ist und dabei die
Bedienung ganz wesentlich verlangsamt wird, so wird man sich
mit dem Gedanken, daß das eine oder andere Mal die selbsttätige Registrierung nach dem angegebenen Verfahren den wahren
Fall verfehlt, die Fehler sich noch dazu bis zu einem gewissen
Grade ausgleichen werden, sicherlich abfinden können. Schließlich wird es sich ja wohl immer darum handeln, welches technische Verfahren den größeren Wirkungsgrad besitzt. Bei Würdigung dieses Gesichtspunktes wird aber das geschilderte, vollkommen automatisch arbeitende Zählsystem den Vorrang vor
den bestehenden Einrichtungen einnehmen können.

---

[1]) Registrierverfahren in Amerika.

## Kapitel 5.

## Die Zwischenumschalter des gemischten Systems.

### A. Der Handbetriebszwischenumschalter.

(Hierzu Tafel II, III und IV mit Tabelle V und VI.)

Die Konstruktion des Handbetriebs-Zwischenumschalters gleicht der Zwischenumschalterkonstruktion des bestehenden Einzelbatteriesystems fast vollständig; es genügt deshalb hier auf die beschreibenden Tabellen und Stromläufe, aus denen die Einzelheiten der Schaltung und Bedienung ersehen werden können, hinzuweisen.

### B. Der automatische Zwischenumschalter.

#### (Gruppenumschalter.)

(Hierzu Tafel II, III und V nebst Tabellen VII und VIII.)

Vor dem Entwurf eines automatischen Zwischenumschalters für den Anschluß von Gruppenstellen ist die Frage zu klären, welche Anforderungen an die selbsttätige Vermittelung zu stellen sind. Wenn man nämlich die verschiedenen, bisher bekannt gewordenen Nebenstellensysteme miteinander daraufhin vergleicht, findet man hierin keine Einigkeit. Die einen sehen die selbsttätige Vermittelung sowohl im Verkehr mit Sprechstellen, welche außerhalb der Gruppe gelegen sind, als auch mit den Stellen, welche ein und derselben Gruppe angehören, vor, die andern ermöglichen lediglich den Selbstanschluß mit der Handbetriebszentrale; für den internen Verkehr wird dann ein besonderes Linienwählersystem der Einrichtung beigegeben oder die Vermittelung durch die Zentrale angenommen. Die Entscheidung darüber, welchen Weg der Konstrukteur in der Bearbeitung des Problems einzuschlagen hat, ergibt sich aus der Erwägung, daß dasselbe in letzter Linie ein finanzielles ist und demnach die Brauchbarkeit eines Selbstanschlußgruppenstellensystems schließlich von dem wirtschaftlichen Erfolge abhängt; dieser wird am größten sein, wenn das vorliegende Selbstanschlußsystem im praktischen Betriebe intensiv zur Arbeitsleistung herangezogen wird und damit auch das aufgewendete Kapital möglichst rentierlich

angelegt ist.[1]) Wenn man nun sich den praktischen Betrieb
eines automatischen Gruppenstellensystems vergegenwärtigt, so
findet man, daß es sich hierbei fast ausschließlich um die selbsttätige Vermittelung der Gruppenstellen mit der Handbetriebszentrale handelt, da die Teilnehmer der gleichen Gruppe in der
Regel keine Interessengemeinschaft haben und deshalb nur ausnahmsweise in die Lage des gegenseitigen Gesprächsverkehrs
kommen werden. Bei einem Gruppenstellensystem mit Selbst-
anschlußvorrichtung für den externen und internen Verkehr
würde demnach derjenige Teil der Apparatur, welcher zum gegenseitigen Selbstanschluß der Gruppenstellen der gleichen Gruppe
vorzusehen ist, fast nie zur Verwendung gelangen und daher als
toter Ballast mitgeführt werden.

Mit einem ähnlichen Ballast an technischen Komplikationen
würde man es zu tun haben, wenn man die Einrichtung so
treffen wollte, daß gleichzeitig ein Gespräch zwischen zwei
Gruppenstellen der gleichen Gruppe untereinander und zwischen
einer dritten Gruppenstelle mit einem außerhalb der fraglichen
Gruppe gelegenen Teilnehmer stattfinden könnte, ein Fall, der
bei der relativen Kleinheit der Gruppen naturgemäß nur äußerst
selten auftreffen wird und deshalb die entstehende Komplizierung nicht rechtfertigen könnte.

Man gelangt also in Würdigung der gegebenen Betriebsverhältnisse zu dem eindeutigen Ergebnis, daß ein Bedürfnis
zum Selbstanschluß lediglich im Verkehr mit der Handbetriebszentrale vorliegt und für den Verkehr der Stellen ein und derselben Gruppe die Vermittelung durch diese am ökonomischsten
erscheint. Die Möglichkeit eines internen Verkehrs ganz auszu-
schließen bzw. hierfür die Verwendung eines gesonderten Linien-
wählersystems in Betracht zu ziehen, scheint mir schon deshalb
nicht angängig, weil in ersterem Falle die Freiheit in der Verteilung der Gruppenstellen auf die einzelnen Gruppenumschalter

---

[1]) Ich möchte an dieser Stelle darauf hinweisen, daß gerade dieser
Gesichtspunkt gegen die Anwendung des Strowgersystems für staatliche Anlagen spricht, da bei den niedrigen Gesprächsziffern der meisten
Teilnehmerstellen die Betriebsmaschinen der einzelnen Anschlüsse nicht
genug Arbeit zu leisten haben, um das in ihnen angelegte Kapital gut
zu verzinsen.

durch die jeweils zu übende Rücksicht auf das Verkehrsbedürfnis der Teilnehmer beschränkt wird und in letzterem Falle wirtschaftlich das gleiche zutrifft, was sich in der Beurteilung des den externen wie internen Selbstanschluß ermöglichenden Systems als nachteilig ergeben hat.

Für den Konstrukteur ergibt sich aus vorstehendem die Bedingung, die Schaltapparate, welche den Anschluß vom Teilnehmer zum Amt und in umgekehrter Richtung herstellen, in ihrer Funktion voneinander unabhängig zu machen, damit sich beide Vorgänge zur Vermittelung des internen Verkehrs störungsfrei überlagern können. Entsprechend dieser Bedingung wird in der vorliegenden Konstruktion der Anschluß des Teilnehmers an das Amt durch ein Anrufrelais bewerkstelligt, während die Herstellung der Verbindung in der Richtung vom Amt zum Teilnehmer mittels eines Schrittwerks erfolgt. Anrufrelais und Schrittwerk betätigen die verschiedenen Trennrelais, an welche die Leitungen der einzelnen Gruppenstellen angeschlossen sind; diese Trennrelais bewirken somit in erregtem Zustande die eigentliche Anschaltung der einzelnen Gruppenstellen an die Zentralenanschlußleitung und erhalten dieselbe während des Gesprächs aufrecht.[1]) Die zur Erregung der Trennrelais, der Aufrechthaltung des Arbeitszustandes der Anrufrelais, zur Stromversorgung der für die Signalübertragung nach dem Amte beim Anruf in Tätigkeit zu setzenden Hilfsrelais sowie die zur Einstellung des Schrittwerks erforderliche Energie wird von einer kleinen Akkumulatorenbatterie abgegeben, welche während der Gesprächspausen unter Ladung steht und aus der auf dem Amte befindlichen zentralen Ladestromquelle dauernd Ersatz für die an den Gruppenumschalter abzugebende Energie erhält. Eine weitere Bedingung, die für die vorliegende Gruppenumschalterkonstruktion gleich charakteristisch ist, wie die eben erwähnte, ist die, daß während der Übertragung der Signale für Gesprächseinleitung und Gesprächsbeendigung die Stromquelle der Unterzentrale von der Leitung zum Amte und zum Teilnehmer isoliert werden muß, da erstere andernfalls die Leitung am Speisepunkte der Unter-

---

[1]) Vergleiche die Analogie des geschilderten Vorgangs mit jenem im Anrufapparat manueller Telephonzentralen.

zentrale auf nahezu konstantem Potential haltend, Gleichstrom-
signale vom Teilnehmer aus über diesen Speisepunkt nicht gelangen ließe. Es erscheint ja für den ersten Augenblick einfacher, die bei der Unterzentrale parallel zur Leitungsschleife
liegenden Drosselspulen Dr. I und II als Transformatoren auszubilden und deren primäre Wicklungen vom Teilnehmer durch
ein Relais stoßweise mittels Batteriestromes erregen zu lassen,
um so Induktionsstöße von entsprechender Intensität für die
Signalisierung nach der Zentrale zu entsenden; aber abgesehen
davon, daß hierdurch das System der Gleichstromsignalisierung
beim Gruppenstellenbetriebe durchbrochen würde, spricht gegen
die dauernde Verbindung der Schaltebatterie mit der Leitung schon
der Umstand, daß beim Schaltungswechsel im Amte (Übergang
in die Abfragestellung) ein empfindliches Knacken im Hörer
des Teilnehmers unvermeidlich wäre. Die Art und Weise, wie
die einzelnen Relais des Gruppenumschalters zur Lösung der
jeweils gegebenen Aufgabe zusammenarbeiten, ist aus der Tabelle VII und VIII der Schalt- und Bedienungsvorgänge und
den zugehörigen Stromlaufbeschreibungen (siehe Anhang) vollständig zu ersehen, weshalb ich den sich hierfür interessierenden
Leser auf diesen Teil der Arbeit verweise. Besonders erwähnt
mag noch werden, daß unter dem unmittelbaren Einfluß des
Linienstroms lediglich das Anruf- und Schlußrelais sowie das
den ganzen Ladestrom von der Zentrale zum Gruppenumschalter
aufnehmende Rückstellrelais steht. Die in diesen Linienrelais auftretenden Kräfte zur Vornahme der erforderlichen Umschaltungen
sind, wie dies aus der Disposition des ganzen Apparates ersehen
werden kann, so reichlich, daß eine absolute Betriebssicherheit
gewährleistet erscheint. Neben der bisher in Betracht gezogenen
Verwendung des automatischen Gruppenumschalters in großen
Ortstelephonanlagen ist noch dessen Inbetriebnahme an Stelle
kleiner Handbetriebsumschalter auf dem platten Lande zu erwähnen.

Der in den Fig. 21, 22 und 23 dargestellte Gruppenum-
schalter $G\frac{10}{I}$[1]) ist beispielsweise für den Anschluß von zehn Teil-

---

[1]) $G\frac{10}{I}$, d. h. Gruppenumschalter für 10 Gruppenstellen mit einer
gemeinsamen Amtsanschlußleitung.

nehmern an eine gemeinschaftliche Amtsanschlußleitung gebaut
und als Ersatz für kleine manuelle Überlandzentralen bzw. zur
Zusammenfassung mehrerer Teilnehmer auf dem Lande in Selbst-
anschlußgruppen[1]) bestimmt. Die gemeinsame Amtsanschlußleitung ist in diesem Falle eine Fernleitung, welche von einer
kleineren Ortschaft, in der die einzelnen Teilnehmerleitungen[2])
an den Gruppenumschalter angeschlossen sind, nach der nächsten
größeren Umschaltestelle führt. Es ist auf diese Weise möglich,
auch den Teilnehmern kleiner Ortsnetze die dauernde Verkehrs-
möglichkeit mit den größeren Plätzen zu geben und damit für
sie den Wert der Fernsprecheinrichtung ganz erheblich zu steigern, eine Betriebsverbesserung, die unter Beibehaltung manueller
Umschaltung nur mit beträchtlicher Personalvermehrung erzielt
werden könnte.

Wie aus den Fig. 21, 22 und 23 hervorgeht, ist die Gruppenumschalterkonstruktion ganz in Eisen gehalten und so ausgeführt,
daß das Relaisgestell mit allen darauf montierten Schaltapparaten,
Drosselspulen und Kondensatoren vollständig wasser- und luftdicht
abgeschlossen werden kann. Der Unterbau des Verschlußkastens
ist als Kabelendverschluß ausgebildet; die von diesem aufzu-
nehmenden Kabel — ein Kabel zum Anschluß der Teilnehmer-

---

[1]) Der Ausbreitung des Telephons auf dem Lande an jenen Stellen,
die nicht im Gebiete einer staatlichen Ortsanlage sich befinden, ist
der Umstand, daß sich zur Bedienung eines Handbetriebszwischenumschalters schwer eine geeignete Persönlichkeit findet, nicht selten
besonders hinderlich.

[2]) Bei den an Stelle von kleinen Überlandzentralen für Handbetrieb zu verwendenden selbsttätigen Umschaltern wird der den Anrufrelais zugeordnete und in dem ›b‹ Ast der Teilnehmerleitung liegende
Ladewiderstand daraus entfernt und vor beide Äste der Doppelleitung
gelegt; es wird damit erreicht, daß im Falle eines Erdschlusses, der bei
den oft längeren oberirdischen Teilnehmerleitungen mitunter vorkommt,
eine störende Rückwirkung auf den Telephonverkehr der übrigen
Gruppenstellen hintangehalten wird; denn wie leicht einzusehen ist,
genügt bei der in der angegebenen Weise modifizierten Schaltung
die Erdschluß der Leitung allein nicht, um das Anrufrelais zu erregen,
es ist vielmehr hierzu auch noch die Abschaltung des ›b‹ Astes von
›a‹ Ast erforderlich.

Automatische Unterzentrale mit Schaltebatterie G 10 I (Schutzglocken abgenommen).

Druck und Verlag von R. Oldenbourg, München.

leitungen sowie der Amtsanschlußleitung und ein Batteriezuführungskabel — endigen an Kontaktmessern, die in entsprechende Federkonstruktionen am Relaisgestell eingreifen und die Verbindung der Leitungen mit der gesamten Apparatur des Gruppenumschalters herstellen. Das Relaisgestell ist, in vier isolierten Buchsen mit Stiften sicher gelagert, abnehmbar, so daß im Störungsfall der Gruppenumschalter einfach gegen einen Reserveeinbau ausgewechselt werden kann. Die Zugänglichkeit zu allen Relais sowie zu den übrigen Einzelheiten ist durch die vollständige Aufklappbarkeit der drehbar angeordneten vier Relaisflügel in reichlichem Maße gewährleistet; natürlich ist auch bei der Ausformung der Umschalterkabel darauf Rücksicht genommen, daß diese Drehung ohne jedwede Lösung von Leitungsverbindungen vorgenommen werden kann.

Kann man die vorhandenen Teilnehmerstellen in einer kleinen Ortschaft nicht an e i n e n Gruppenumschalter anschließen und stehen außerdem zum Anschluß der Teilnehmer an die größere Umschaltestelle zwei Verbindungsleitungen zur Verfügung, so läßt sich aus dem gegebenen Selbstanschlußsystem durch Anwendung von Kettenvielfachschaltung zweier Gruppenumschalter und durch Anbringung einiger geringfügiger Schaltungsänderungen und Zusätze ein Selbstanschlußsystem für 20 bis 30 Teilnehmer mit automatisch sich vertauschenden Amtsanschlußleitungen schaffen. Auf diese Weise wird es möglich sein, eine große Reihe von kleinen manuellen Umschaltestellen durch automatische zu ersetzen und den Handbetrieb auf die größeren Ämter zu zentralisieren. Automatische Gruppenumschalter mit zwei selbsttätig sich vertauschenden Amtsanschlußleitungen werden natürlich auch für den Betrieb in großen Ortstelephonnetzen vorteilhaft erscheinen, da hierdurch der Zentralenanschlußwert noch mehr erhöht werden kann. Ich habe auf diese Erweiterung des Selbstanschlußsystems zunächst deshalb keinen Nachdruck gelegt, weil dadurch das Studium der Materie gedanklich nur unnötig kompliziert wird, für die Erprobung des Systems wohl erst der einfachere Fall von Interesse ist und auch ausreichend erscheint. Es wird also vorerst genügen, zu bemerken, daß sich die berührte Erweiterung im Bedarfsfalle ohne prinzipielle Schwierigkeit durchführen läßt.

Dagegen möchte ich noch kurz auf eine Einrichtung ein-
gehen, welche die Schaltungskorrektion bei Fremdstromerregung
zu besorgen hat. Wenn nämlich ein Anrufrelais des Gruppenumschalters beispielsweise durch einen Kapazitätsausgleich infolge
atmosphärischer Entladungen erregt wird, so erscheint daraufhin
im Amt kein Anrufsignal, da das Schlußrelais des Gruppenumschalters so lange die Überführung des Ladestroms in die
Schaltebatterie S. B. unterhält, bis die an die Amtsleitung an-
geschlossene Teilnehmerleitung stromlos wird; da dies jedoch
nicht eintritt, so lange der Hörer nicht ausgehängt wird, hierzu
aber keine Veranlassung gegeben ist, so bleibt die Gruppe ge-
sperrt, bis in Richtung vom Amt zu einer der Gruppenstellen
ein Anruf erfolgt und dadurch die Sperrung aufgehoben wird.
Zur Hintanhaltung derartiger Störungen dient die in Fig. 1 der
Tafel XII dargestellte Schaltungsanordnung. Sobald die Erregung eines der Anrufrelais durch Fremdstrom eintritt und damit das Schlußrelais dauernd in Arbeitsstellung übergeht, wird
der Korrektionsschalter $K$ unter Strom gesetzt und öffnet unter
der Wärmewirkung desselben Kontakt 1; der über das Nebenschlußrelais $N. R.$ vordem hergestellte Stromweg, welcher das
Rückstellrelais $R. R.$ außer Tätigkeit setzte, wird hierdurch unterbrochen, so daß letzteres wieder in Arbeitslage tritt und die
Normalstellung des Gruppenumschalters herbeiführt. Der Korrektionsschalter $K$ ist im Prinzip ein Metallthermometer, welches
durch die Heizspule $H$ angewärmt die Bewegung des Kontakt-
armes $B$ hervorbringt.[1] Der Stromkreis für die Heizspule ist
folgender: (+) 20 Volt — Kontakt 707 an S. R. — Kontakt 2 an
S. R. — Heizspule H — Abzweigpunkt 3 — (—) 20 Volt.

---

[1] Die Korrektionsvorrichtung sowie das Nebenschlußrelais N. R.
sind entbehrlich, wenn man auf die Zwangläufigkeit zwischen dem
Hörerhaken am Teilnehmerapparat und den Relais im Gruppenumschalter
bei Übergang von Ruhelage in Ruflage verzichtet, damit rechnend,
daß die Ruflage des Hörerhakens beim Anruf schneller passiert wird
als bis der Schaltvorgang im Gruppenumschalter zur Rückstellung in
den Normalzustand gereift ist; durch geeignete Dimensionierung des
magnetischen Kreises im Relais I der Rufübertragung wird sich dessen
Arbeitsperiode auf etwa $^1/_2$ Sekunden einstellen lassen und damit die
erforderliche Zuverlässigkeit beim Anruf auch so erreicht werden können.

## Kapitel 6.

### Der automatische Ruf- und Nummernschalter für den Betrieb der automatischen Unterzentralen.

Beim Studium der Schalt- und Bedienungsvorgänge für den Betrieb der Selbstanschlußgruppenstellen wird sich vom Standpunkte der Praxis ein zweifaches Bedenken ergeben haben; einmal hinsichtlich der gegenüber der üblichen Bedienungsweise gegebenen höheren Anforderungen an die manuelle Geschicklichkeit des Personals und dann wegen des durch die reichhaltigeren Manipulationen bedingten größeren Zeitaufwandes für die Herstellung einer Verbindung. Tatsächlich werden durch die geschilderte und bei den im Entwurfe zunächst angenommenen Mitteln erforderliche Handhabung die Kosten für die Bedienung sowie für den Multiplexapparat pro Amtsanschluß erhöht.

Es ist nun keine Frage, daß die zunächst im Interesse des klaren Überblicks über die prinzipiell wichtigsten elektromechanischen Vorgänge in die Hand der Telephonistin gelegten Funktionen für den wahlweisen Anruf der Selbstanschlußgruppenstellen einen automatischen Ruf- und Nummernschalter übertragen werden können und daher aus praktischen wie aus wirtschaftlichen Erwägungen u. U. auch übertragen werden müssen; was dann schließlich der Beamtin bei Herstellung einer Verbindung zwischen Selbstanschlußgruppenstellen noch zu tun übrig bleibt, ist im wesentlichen nichts anderes und nicht zeitraubender als das, was sie beim gewöhnlichen Hauptanschlußsystem auch zu vollziehen hat. Bei der Wichtigkeit des automatischen Ruf- und Nummernschalters für die Kritik des ganzen Systems möchte ich es daher nicht unterlassen, auch noch eine derartige Einrichtung an Hand der erforderlichen Schaltungsanordnung näher zu beschreiben. Der an Stelle der Wählerscheibe W. S. in Tafel II tretende automatische Ruf- und Nummernschalter ist in Tafel XII Fig. 2 schematisch dargestellt. Der mechanische Teil des Apparats besteht aus einer in dauernder, mäßiger Rotation befindlichen Welle W, auf welcher die einzelnen, mit den erforderlichen Typenrädern für die Abgabe des intermittierenden Einstellstroms versehenen Schalterelemente E aufgeschoben sind und gegebenenfalls durch Friktion von ersterer mitgenommen werden können. Im Ruhezustand des Nummern- und Rufschalters sind sämtliche Schalterelemente (10 pro Arbeitsplatz, wenn es sich um Gruppen bis zu fünf Teilnehmern handelt) durch Sperrkegel $K_1$, $K_2$ usw. festgehalten und so an der Rotation verhindert. Der elektrische Teil des automatischen Ruf- und Nummernschalters besteht aus einem Satz Relais, welche die bisher dem Ruf- und Sprechhebel übertragenen Schnurleitungsumschaltungen zum Zwecke der Entsendung von Gleich- und Wechselstrom zu übernehmen haben und teils durch den Ruf- und Sprechhebel S. H. teils durch den automatischen Ruf- und Nummernschalter erregt werden. Von den in Fig. 2, Tafel XII, dargestellten Relais sind die Relais $R_I$, $R_{II}$ und $R_{III}$ zu jedem Schnurpaar gehörig, treten also der Anzahl der Schnurpaare entsprechend oft auf, während die Wählrelais W. R. $_I$ und W. R. $_{II}$ ebenso wie der automatische Ruf- und Nummernschalter pro Arbeitsplatz nur einmal vorhanden sind. Zur Veranschaulichung der Bedienungs- und Schaltvorgänge, wie sie sich unter Anwendung des angegebenen Apparates gestalten, werde ich den Fall erläutern, in dem ein Teilnehmer einer Selbstanschlußgruppe die Verbindung mit einem Teilnehmer seiner eigenen Gruppe wünscht; dabei denke ich mir den Vorgang bis zur telephonischen Übermittelung der Rufnummer seitens des Teilnehmers an die Beamtin vorgeschritten; der Verbindungsstecker befindet sich also in der Abfrageklinke der Gruppenanschlußleitung und die Beamtin hat den Ruf- und Sprechhebel eben in üblicher Weise in Abfragestellung gegeben. Die telephonische Verbindung zwischen Teilnehmer und Telephonistin ist hierdurch folgendermaßen zustande gekommen: Durch Drücken des Ruf- und Sprechhebels S. H. in Sprechlage wurde Kontakt 1 geschlossen und folgender Stromlauf veranlaßt:

(+) 14 Volt — Abzweigpunkt 0 — Kontakt 1 an S. H. — Umwindungen 22, von $R_I$ — Erde — (—) 14 Volt.

Relais $R_I$ schließt die Kontakte 2, 3 und 4, so daß die Sprechgarnitur der Beamtin über die Schnurleitung a und b des Abfragesteckers, Kontakte 3, 4, 5 und 6 sowie die Abzweigpunkte 7, 8, 9 und 10 an die Teilnehmerleitung angeschlossen ist. Nach Entgegennahme der gewünschten Stellennummer — beispielsweise V. — drückt die Beamtin die Nummerntaste V der

Abfrageseite vorübergehend nieder und schaltet sich durch Umlegen des Ruf- und Sprechhebels S. H. in die Durchsprechstellung
sogleich aus der Leitung aus, ihr Augenmerk weiteren Anrufen
zuwendend, da alle zum Anruf der Stelle V. erforderlichen Ope-
rationen nunmehr der automatische Ruf- und Nummernschalter
übernimmt. Durch das vorübergehende Niederdrücken der Nummerntaste V bei gleichzeitiger Arbeitslage des Ruf- und Sprechhebels S. H. (Abfragestellung) wird nämlich die Arbeitsstellung
des Relais $R_I$ vom automatischen Ruf- und Nummernschalter
aufrechterhalten und weiterhin auch das Relais $R_{III}$, welches die
Sprechgarnitur der Beamtin mit der Ruf- und Einstelleitung c
und d vertauscht, erregt. Stromläufe:

1. (+) 14 Volt — Kontakt 11 am Nummerntaster V — Auslösemagnet A. M. am Ruf- und Nummernschalter — Erde — (—) 14 Volt.

Der Auslösemagnet rückt den Sperrkegel $K_1$ aus dem Sperr-
rad S und gibt das Schalterelement $E_V$ zur Rotation frei. Der
mit dem Sperrhaken verbundene Kontaktarm h schließt auf die
Dauer eines Umlaufs von $E_V$ die Kontakte 12 und 13, folgende
Stromläufe veranlassend:

2. (+) 14 Volt — Abzweigpunkt 0 — Kontakt 12 — Kontakt 14 an $R_I$ — Kontakt 40 an S. H. — Umwindungen von
$R_{III}$ — Erde — (—) 14 Volt.

Das Relais $R_{III}$ zieht seinen Anker an und schaltet die
Steckerleitungen a und b von A. St. an die Ruf- und Einstell-
leitungen c und d über Kontakt 15 und 16 an.

3. (+) 14 Volt — Abzweigpunkt 0 — Kontakt 13 — Besetztlampe B. L. — Erde. — (—) 14 Volt.

Die Besetztlampe leuchtet und zeigt der Beamtin an, daß
nunmehr der Nummernschalter sich in Arbeitsstellung befindet
und auf die Dauer des Lampensignals anderweitig nicht in Anspruch genommen werden darf.

Kurz nach Eintritt der Rotationsbewegung veranlaßt der
Ruf- und Nummernschalter die Erregung des Wählrelais W. R. $_{II}$,
damit die Abgabe des intermittierenden Stroms für die Einstellung
der Gruppenstelle vorbereitend. Stromlauf:

4. + 14 Volt — Kontakt 17 (dieser wird durch Seitwärts-
drücken der Nase n geschlossen) Umwindungen von W. R. $_{II}$ —
Erde — (—) 14 Volt. Relais W. R. $_{II}$ schließt Kontakt 18 und 19.

Die Stromstöße für die Einstellung der Gruppenstelle erfolgen nun auf folgendem Wege:

. 5. ($+$) 14 Volt — Abzweigpunkt 20 — Friktionsfeder $f_1$ — Typenrad — Type 1 — Schleiffeder $f_2$ — Kontakt 19 an W. R. $_{II}$ — Kontakt 16 an $R_{III}$ — Kontakt 4 an $R_I$ »l« Ltg. des Abfragesteckers A. St. — »b« Ast der Anschlußleitung zum automatischen Gruppenumschalter — Einstellrelais E. R. — »a« Ast der Anschlußleitung — »a« Ltg. des Abfragesteckers A. St. — Kontakt 3 an $R_I$ — 15 an $R_{III}$ — 18 an W. R. $_{II}$ — Erde — ($-$) 14 Volt.

Sobald die fünf Stromstöße, entsprechend den fünf Typen des Elements $E_V$ erfolgt sind, gleitet die Nase »n« in die Aussparung der Rufscheibe S., die Wicklung von W. R. $_{II}$ stromlos machend. Das Wählrelais W. R. $_{II}$ schließt die Kontakte 30 und 31 und schaltet so Wechselstrom an die Leitung zum Teilnehmer. Stromlauf:

6. Klemme I der Rufdynamo A. — Abzweigpunkt 32 — Kontakt 30 und 31 an W. $R_{II}$ — 15 und 16 an $R_{III}$ — 3 und 4 an $R_I$ — a und b an A. St. — Anschlußleitung: Ast a und b — Teilnehmerstelle — Gleichstrom- und Wechselstromwecker G. W. — Erde. — Klemme II der Rufdynamo A. —

Nach erfolgtem automatischen Anruf gleitet der Sperrkegel $K_1$ wieder in das Sperrad ein, dieses an der Fortsetzung der Rotation verhindernd; gleichzeitig wird Kontakt 12 und 13 geöffnet und damit die Umschaltung der Schnurleitungen a und b in Durchsprechstellung veranlaßt sowie die Besetztlampe zum Erlöschen gebracht.

Man sieht also, daß die Beamtin zum Aufruf eines Gruppenstellenteilnehmers lediglich die entsprechende Nummerntaste einen Augenblick niederzudrücken hat und damit die Bedienungsweise ebenso einfach ist wie beim Betrieb von Fernsprechanlagen des gegenwärtig gebräuchlichen Systems. Während der Ruf- und Nummernschalter die ihm zugewiesene Aufgabe erfüllt, kann die Telephonistin weitere Anrufe entgegennehmen; sie hat lediglich darauf zu achten, daß sie dann nicht eher wieder den Sprech- und Rufhebel S. H. in Ruflage gibt, als bis die Besetztlampe des Ruf- und Nummernschalters erloschen ist, was in der Regel der Fall sein wird, wenn sie wieder in Rufstellung über-

Automatische Unterzentrale mit Schaltebatterie unter wasser- und luftdichtem Verschluß.

Druck: und Verlag von R. Oldenbourg, München.

gehen wird. Die Art und Weise, wie die Vorgänge beim Aufruf einer Gruppenstelle über die Leitungen des Verbindungssteckers sich vollziehen, bedarf nach dem Vorausgegangenen wohl keiner besonderen Erläuterung; selbstverständlich ist auch hier lediglich ein Tastendruck auf die entsprechende Nummerntaste bei gleichzeitigem Umlegen des Ruf- und Sprechhebels S. H. in die Ruflage erforderlich, um die zur Einstellung und zum Aufruf der Gruppenstelle notwendigen elektrischen Funktionen des selbsttätigen Ruf- und Nummernschalters auszulösen.

<hr />

## Kapitel 7.

### Die Teilnehmersprechstellen des gemischten Systems.
#### (Hierzu Tafel I.)

Die elektrischen Funktionen der Teilnehmersprechstellen sind verschieden, je nachdem es sich um direkten Anschluß an die Handbetriebszentrale oder um den Anschluß an Handbetriebszwischenumschalter bzw. an automatische Gruppenumschalter handelt.

In ersterem Falle erfolgt der Anruf der Zentrale einfach durch Unterbrechung des Laderuhestroms, der, wie schon hervorgehoben, durch dauernde Erregung des Anrufrelais den Signallampenstromkreis unterbrochen hält. Zur Ermöglichung dieser Funktion benötigt der Teilnehmerapparat lediglich einen unter der Wirkung des Hakenumschalters stehenden Kontakt, der beim Abheben des Hörers von seiner Rast den Laderuhestrom unterbricht. In letzterem Falle ist die Entsendung eines Stromstoßes erhöhter Intensität im »a« Ast der Teilnehmeranschlußleitung an den Handbetriebszwischenumschalter bzw. den automatischen Gruppenumschalter erforderlich, um das Signal auszulösen bzw. die Rufübertragung zum Amt einzuleiten und den Selbstanschluß zu bewerkstelligen. Zu diesem Zwecke ist der Rufschalter am Hörerhaken der Teilnehmersprechstelle so eingerichtet, daß der »a« Ast der Teilnehmeranschlußleitung beim Übergang des Hörer-

hakens von der Ruhelage in die Sprechlage vorübergehend ge-
erdet wird und dabei vom »b« Ast isoliert ist. Der Ladestrom
wird auf diese Weise vereinseitigt und verstärkt. Nachdem die
Nebenstellenanrufklappe des Handbetriebszwischenumschalters
eine Differentialwicklung besitzt, in welcher der Ladestrom normal
magnetische Kompensation bewirkt, das Anrufrelais des automatischen Gruppenumschalters einem im »b« Ast der Gruppen-
stellenanschlußleitung liegenden relativ niedrigen Ladewiderstand
parallel geschaltet ist, der den normalen Ladestrom zum größten
Teil von den Windungen des Anrufrelais ableitet, so erklärt sich
hieraus die Wirkungslosigkeit des Ladestroms auf die Anruforgane im Ruhezustand einerseits und die Wirkung des Rufschalters der Sprechstelle andrerseits in einfacher Weise.

Wie die Fig. 25 zeigt, ist die Aufgabe des Rufschalters, der
ein einfacher Morseschlüssel ist, dadurch erreicht, daß die Gleit-
rolle des Hakenumschalters während des Übergangs von der
Ruhelage in die Sprechlage an der eigentümlich geformten Mittel-
feder des Rufschalters entlang laufend, diese vorübergehend vom
Ruhekontakt abhebt und an die Erdfeder legt.

Neben dem Rufschalter ist noch ein Federsatz für die Ein-
schaltung der Mikrophonzelle in der Sprechlage sowie die Vertauschung des Hörers mit dem gegebenenfalls vorhandenen
zweiten Wecker vorhanden. Die Schaltung ist so getroffen, daß
im Ruhezustand der Sprechstelle der Hörer kurzgeschlossen ist,
um denselben der Einwirkung des Rufwechselstroms sowie allen
aus atmosphärischen Entladungen resultierenden elektrischen Be-
einflussungen zu entziehen. Weiterhin ist zu bemerken, daß die
Induktionsspule mit dem Wecker vereinigt ist und außerdem
die Konstruktion des Magnetläutwerks und der ganze Zusammen-
bau aller Apparatenteile möglichst vereinfacht wurde, wie dies
deutlich aus Fig. 25 hervorgeht.

## Kapitel 8.

# Der Gesprächszonentarif und die automatische Gesprächs-
# zonenkontrolle mit selbsttätiger Telephonsperre.

### (Hierzu Tafel VI und Tabelle XIII und XIV.)

Die Aufhebung des Bauschgebührentarifs bei Fernsprechanlagen ist nur mehr eine Frage der Zeit. Die Zurückhaltung
einer ökonomischeren und gerechteren Gebührenregistrierung ist
auf die technischen Schwierigkeiten, die bisher die Gesprächs-
zählerfrage bereitet hat, zurückzuführen. Was ein automatischer
Gesprächszähler, der ohne jegliches Zutun der Beamtin die
jeweilig sich einstellende Rechtslage prinzipiell berücksichtigt, zu
leisten hat, geht aus den Erörterungen über die besonderen
Einrichtungen in Kap. 4 klar hervor. Mit der Lösung des Problems der Gesprächszählung an sich ist aber praktisch noch
nicht viel gewonnen; die wesentlichste Schwierigkeit bietet hier
nämlich der Umstand, daß eine praktisch brauchbare Lösung
neben der Lösung der in Kap. 4 gekennzeichneten Aufgaben
auch noch die Bedingung der Anwendbarkeit für die bestehenden Umschaltesysteme erfüllen muß, ohne namhafte
Konstruktionsänderungen an den gegebenen Einrichtungen zur
Voraussetzung zu machen. Endlich kommt hierzu in Berücksichtigung des automatischen Gruppenstellensystems noch der
weitere Gesichtspunkt, daß hierfür einerseits die Tarifierung
der Gespräche nach der Zahl den wahren Wert nicht trifft und
andrerseits die Einzelgesprächszählung mit Zählvorrichtung auf
dem Amte oder bei den Sprechstellen praktisch ohne erheblichen
Ballast an technisch komplizierten Einrichtungen unmöglich ist.

Nach alledem scheint mir die praktische Durchführbarkeit
der Einzelgesprächszählung mit mechanischen selbsttätigen Zählern
höchst fraglich, für das gemischte System aber praktisch unmöglich. Man sieht hier wieder so recht, wie untergeordnet bei
Würdigung der großen betriebstechnischen Gesichtspunkte die
mechanischtechnischen Einzelheiten des automatischen Gruppenumschalters sind, die in der Frage des Nebenstellenselbstanschluß-
systems hisher von den Konstrukteuren allein in Betracht ge-
zogen wurden. Es muß daher schon als eine starke Verken-

nung der fachmännischen Aufgaben in der Fernsprechtechnik erachtet werden, wenn diesem schwierigen Spezialgebiete Fernstehende an der Hand dessen, was man etwa aus dem Studium allgemeiner Vorträge über die Einführung in die Schwachstromtechnik oder aus der Befassung mit feinmechanischen Problemen sich aneignen kann, die Voraussetzung für die wirksame Bearbeitung der automatischen Gruppenstellenfrage erfüllt glauben. Wenn man in der Bearbeitung der Frage nach einem geeigneten Gesprächsregistrierverfahren für das gemischte System oder wohl auch ganz allgemein für die bestehenden Systeme zum Ziele kommen will, scheint es am zweckmäßigsten zu sein, sich zunächst von dem bisher eingeschlagenen Zählverfahren gedanklich ganz frei zu machen und erst einmal sich darüber Klarheit zu verschaffen, worauf es in letzter Linie bei dem Problem ankommt. Eine Untersuchung solcher Art liefert das Ergebnis, daß es gar nicht des Übergangs vom Bauschgebührentarif zum Einzelgesprächstarif bedarf, um die bestehenden und anerkannten Nachteile des gegenwärtigen Gebührensystems zu beseitigen; es genügt vielmehr schon die Bildung von Gesprächszonen, nach welchen der Gesprächstarif sich abstuft, um diesen Mängeln wirksam zu begegnen; dabei hat man es immer noch in der Hand, durch Festsetzung einer bestimmten Zahl von Tarifklassen sich der Wirkung des Einzelgesprächsgebührentarifs beliebig zu nähern; denn das Kontinuum der Möglichkeiten zwischen den beiden Gebührensystemen: »Bauschgebührentarif und Einzelgesprächsgebührentarif« wird eben durch den Zonentarif charakterisiert. Mit Annahme des Zonentarifs für die Gebührenbemessung im Fernsprechverkehr entfällt aber für den Registrierapparat die Aufgabe der Differenzierung innerhalb einer Zone, die Notwendigkeit der sprungweisen Fixierung der einzelnen Gespräche nach der jeweils sich einstellenden Rechtslage. Als Registrierapparat für die einzelnen Gesprächszonen kommt vielmehr lediglich ein Höchstverbrauchsmesser in Betracht, der über die zu messende Größe innerhalb bestimmter Grenzen selbsttätig integrierend den Teilnehmer gegebenenfalls rechtzeitig daran zu erinnern hat, daß er die gemietete Gesprächszone überschritten und nach Ablauf einer gewissen Frist bei Nichtachtung des Warnsignals die automatische Sperrung der Sprechstelle zu gewärtigen hat. Wir haben es also nicht mehr mit einem eigentlichen Zähler im bisherigen Sinne, sondern vielmehr mit einem Apparat für die automatische Gesprächszonenkontrolle mit selbsttätiger Telephonsperre zu tun. Um die vorliegende Aufgabe technisch eindeutig zu gestalten, ist noch die Frage zu erörtern, nach welchen Gesichtspunkten die Messung der dem Teilnehmer seitens der Verwaltung inner- halb einer Gesprächszone zur Verfügung gestellten materiellen Leistung erfolgen soll. Diese materielle Leistung besteht aus zwei Teilen:

1. aus der mietweisen Überlassung der für den Telephon- anschluß erforderlichen Apparate nebst den hierzu er- forderlichen Betriebsmitteln,

2. aus der Gesprächsvermittelung.

Die erste Größe nimmt einen mit der Zeit proportionalen Wert an; das gleiche trifft für die zweite Größe zu, wenn man als Maßstab für dieselbe den Wert des Einheitsgesprächs, d. h. des Gesprächs mittlerer Dauer einführt; auf die Wahl dieses Maß- stabs wird man übrigens, wie aus den Erörterungen im ersten Teil der vorliegenden Arbeit hervorging, in Berücksichtigung der Rechtslage bei der Benützung einer gemeinsamen Anschlußleitung durch mehrere Teilnehmer hingewiesen. Aber auch bei den gegenwärtigen Betriebsverhältnissen verdient die Bemessung der Gesprächsgebühr nach dem Zeitwert Beachtung, nachdem die Zahl der fruchtlosen Verbindungen infolge Belegtseins von der Gesprächsdauer wesentlich abhängt, wie dies aus der von Webb[1]) gegebenen Statistik klar hervorgeht; die fruchtlosen Verbindungen bedeuten für die Verwaltung aber den gleichen Geldaufwand, wie die wunschgemäß zustande kommenden und allein vom Teil- nehmer zu vergütenden Gespräche. Je größer also die Dauer des Gesprächs, desto größer der Gebührenverlust für die staat- liche Leistung bei der Gesprächsvermittelung.

Die Registrierung der Gespräche nach der Zahl trifft dem- nach namentlich bei großen Ortstelephonnetzen den wahren Wert der Gespräche nicht so, wie dies beispielsweise bei kleinen Orts- anlagen mit verhältnismäßig geringem internen Verkehr der Fall

---

[1]) Siehe Proceedings of the Institution of Electrical Engineers. London, Bd. V, 1905, S. 290.

ist.[1]) Wenn man hiergegen einwendet, daß die Wertigkeits-
schwankungen unter der Annahme der mittleren Gesprächsdauer,
auf die es ja schließlich ankommt, sich ausgleichen, so gibt man
zu, daß die Zeitzählung unter dem Maßstabe des Einheitsgesprächs
das gleiche leistet, dabei aber den Vorteil hat, die Aufgabe der
Registrierung nicht auf dem Umwege der Differentialzählung,
sondern eben direkt zu lösen.

Schließlich möchte ich noch auf das im ersten Teil angegebene
Verfahren zur Gebührenbemessung hinweisen, wonach aus den
gemieteten Benützungsstunden einerseits und den Angaben von
Platzzählern andrerseits das Äquivalent für die dem Teilnehmer
seitens der Verwaltung erwiesene Leistung zweifellos mit der
größtmöglichen Genauigkeit und Gerechtigkeit für beide Teile
festgestellt werden kann. Ich gehe jetzt zur Erörterung der
Konstruktion eines für die Gesprächsregistrierung sich eignenden,
auf dem Prinzip der Zeitzählung basierenden Gesprächszonenkontrollapparates mit automatischer Telephonsperre über.[2]) Die
Konstruktion des Apparates nebst der zugehörigen Schaltungsanordnung in Verbindung mit einer Gruppenstelle ist aus Tafel VI
ersichtlich. Der Kontrollapparat besteht aus drei Sammlerzellen
der für die Energieversorgung der Mikrophone in Betracht kommenden Type, zwei Relais, eine Signallampe und einem zur Einstellung der jeweils festzusetzenden Gesprächszone erforderlichen
Ladewiderstand. Das Arbeitsprinzip der Gesprächszonenkontroll-
vorrichtung ist, wie schon im ersten Teil angegeben, folgendes:

Zwei Sammlerzellen I und II, welche bei der Sprechstelle
Aufstellung finden, stehen während des Ruhezustands des Selbstanschlußgruppenumschalters unter Ladung, von diesem elektrische Energie aufnehmend; aus diesen beiden Zellen I und II
wird nun je nachdem die Sprechstelle für einen kleineren oder

---

[1]) Dieses Argument ist auch noch gültig, wenn man die Einrichtung der vermerkweisen Verbindung als gegeben annimmt, da in diesem
Falle die Größe des Abfrageapparates von der Gesprächsdauer abhängt.

[2]) Für die Gebührenbemessung nach dem Höchstverbrauche innerhalb bestimmter Tarifzonen scheint übrigens, nach einem Preisaus-
schreiben des Syndikats Grenoble zu schließen, auch in der Starkstromtechnik ein lebhaftes Interesse zu bestehen. Siehe E. T. Z.
19. IV. 1906, Heft 16, S. 386.

Fernsprechstelle
Wandapparat).

Druck und Verlag von R. Oldenbourg, München.

größeren Gesprächsumfang, also für eine niedrigere oder höhere Tarifzone geaicht werden soll, ein entsprechendes Quantum elektrischer Energie einer besonderen Meßzelle, der Zelle III zugeführt; diese der Meßzelle stetig zufließende Energiemenge wird nun während der Gespräche durch einen an die Meßzelle angeschlossenen Verbrauchswiderstand von bestimmter Größe wieder vernichtet; der Verbrauchswiderstand ist endlich als Relais ausgebildet, mit dessen Schaltorgan die Signal- und Sperrvorrichtung, welche bei Überschreitung der gemieteten Benützungsstunden einschließlich der gewährten Toleranz in der Belastungsschwankung in Tätigkeit tritt, verbunden ist.

Zur Erläuterung der Wirkungsweise des Apparates diene nachstehendes Zahlenbeispiel:

Der Teilnehmer N. mietet einen Gruppenanschluß für einen jährlichen Gesprächsbereich von 4000 Einheitsgesprächen à 3 Minuten mittlerer Gesprächsdauer. Der während der Gespräche über den Verbrauchswiderstand fließende Strom habe eine Intensität von 0,2 Ampere, so daß sich der gesamte Stromverbrauch pro Jahr bei der angegebenen Jahresmiete auf $4000 \times 3 \cdot 0,2 =$ 2400 Ampereminuten = 40 Amperestunden beziffert. Diese Elektrizitätsmenge vermehrt um den Verlustbetrag der Umformung muß der Meßzelle im Laufe eines Jahres zugeführt werden, damit zwischen Zu- und Abfuhr Gleichgewicht besteht; aus der Bilanzgleichung: $\dfrac{8760 \cdot x}{\varphi} = 40$; — die Größe $\varphi$ nehme erfahrungsgemäß den Wert 0,876 bei einer konstanten Lade- und Entladestromdichte von 2 bzw. 100% der höchstzulässigen Stromdichten an — ergibt sich dann für die Größe $x$ der Wert 0,004 Ampere und endlich für die Größe des Ladewiderstands $W_l = \dfrac{4-2 \text{ Volt}}{0,004}$ $= 500 \, \Omega$.

Nachdem die Meßzelle eine Kapazität von 1,2 Amperestunden bei einer Entladestromstärke von 0,2 Ampere aufweist, so beträgt die Toleranz in der Belastungsschwankung in dem vorliegenden Falle 1000%, d. h. der Teilnehmer N. kann eine einmalige Überlastung der Sprechstelle um das Zehnfache der seiner Miete entsprechenden täglichen mittleren Gesprächsziffer eintreten lassen, ohne die Sperrung des Telephonanschlusses zu

riskieren. Erst wenn die gewährte, weitgehende Toleranz überschritten wird oder fortgesetzt eine den Mittelwert der täglichen
Gesprächsziffer übersteigende Inanspruchnahme der Sprechstelle
stattfindet, wird der Energieinhalt der Meßzelle sich mehr und
mehr erschöpfen und schließlich die am Apparat befindliche
Glühlampe als Zeichen für die Überschreitung der gemieteten
Gesprächszone den Teilnehmer zur Beschränkung seines telephonischen Verkehrs oder zum Übertritt in eine höhere Tarifklasse anweisen. Mit dem Aufleuchten der Glühlampe tritt nun
eine verhältnismäßig rasche Entnahme der in den Zellen I und II
vorhandenen Energie ein, so daß nach etwa weiteren 100 Ge-
sprächen die Sperrung der Sprechstelle durch Kurzschließen des
Hörers und Erschöpfung der Mikrophonstromquelle (Zelle I)
selbsttätig erfolgt.

Die in dem Zahlenbeispiele gewählten quantitativen Verhältnisse können, was beispielsweise die Festsetzung der Toleranz
in der Belastungsschwankung anlangt, natürlich innerhalb weiter
Grenzen verändert und dem praktischen Bedürfnis entsprechend
angepaßt werden. Es dürfte indessen zweckmäßig sein, gerade in
der Bemessung der Toleranz nicht allzu weit zu gehen, denn es
ist zu bedenken, daß einmal praktisch der Fall der möglichen Belastungsschwankung für den einzelnen Gruppenstelleninhaber sich
durch die Benutzung einer gemeinsamen Amtsanschlußleitung
seitens mehrerer Teilnehmer von selbst reguliert und wegen der
beschränkten Zugänglichkeit zum Amt nicht extrem werden
kann, weiterhin es im Interesse der einzelnen Gruppenteilnehmer
selbst liegt, wenn durch eine bestimmte Auflage hinsichtlich der
gestatteten Belastungsschwankung einer störenden Einseitigkeit
im Verkehr mit den übrigen Teilnehmern des Fernsprechnetzes
vorgebeugt wird. In dem Umstande, daß bei dem geschilderten
Verfahren der Gesprächszonenkontrolle die Gleichmäßigkeit der
Benützung des Telephonanschlusses für die ökonomische Ausnützung der Miete eine Rolle spielt und es also nicht gleichgültig ist, in welchem Zeitraum eine bestimmte Anzahl von Ge-
sprächen geführt wird, liegt ein gerade für die Tarifbildung im
Gruppenstellenbetrieb wertvolles Moment, nachdem diese den
Begriff der mittleren Gesprächsdichte für das Ausmaß der Gebühren zur Basis nehmen muß. Durch das gegebene Registrier-

verfahren hat eben der einzelne Teilnehmer gerechtermaßen die Konsequenzen einer unökonomischen Benützung seiner Sprechstelle selbst zu tragen und im Falle großer Frequenzschwankungen durch die Wahl der geeigneten Tarifklasse dafür zu sorgen, daß auch in der Zeit des regsten Verkehrs die gestattete mittlere Gesprächsdichte höchstens um die gewährte Toleranz überschritten wird; die Verwaltung dagegen kann auf Grund einer Gesprächsregistrierung, welche für die ökonomische Benützung des Telephons den spezifisch billigsten Tarif ergibt, den aus der hieraus folgenden möglichst rentierlichen Kapitalsanlage erwachsenden Nutzen der Allgemeinheit zugute kommen lassen; denn die Mehrzahl der Teilnehmer wird bei der im angezogenen Beispiel gegebenen Möglichkeit in der Belastungsschwankung in der Lage sein, sich in die ihrem mittleren Gesprächsverkehr entsprechende Tarifzone aufnehmen lassen zu können und damit mit dem spezifisch geringsten Kostenaufwand in den Besitz des Telephons gelangen.

Ein weiterer Vorteil dieses Verfahrens der Gesprächsregistrierung vor der mechanischen Gesprächszählung ist der, daß der geschilderte Gesprächszonenkontrollapparat, solange der Teilnehmer die Gesprächsgrenze seiner Zone nicht überschreitet, also im normalen Falle keinerlei Ablesung oder Wartung bedarf und demnach die Gebührenabrechnung sich besonders einfach gestaltet; es spielt dieser Umstand eine um so größere Rolle, als sich bei Verwendung mechanischer Zähler, welche an den Gruppenstellen angebracht werden müßten, eine umständliche und teuere Gesprächszählung und Verrechnung ergeben würde. Wohl auf diesen, auch bei den Zählersystemen der Starkstromtechnik gegebenen und naturgemäß mißlich empfundenen Umstand ist das neuere Bestreben, auch dort mit Höchstverbrauchsmessern und Tarifzonen die Gebührenabrechnung einfacher zu gestalten, zurückzuführen. Wie gestaltet sich nun aber das Abrechnungsverfahren, wenn der Teilnehmer N. tatsächlich die gemietete Gesprächszone überschreitet und nach Aufleuchten der Warnlampe an seinem Apparat bzw. erst nach erfolgter automatischer Sperrung des Anschlusses einen neuen Mietvertrag mit der Verwaltung eingeht? An Hand eines praktischen Falles läßt sich dies wieder am besten erläutern: Teilnehmer N. meldet am 15. Oktober 1906 einen

Gruppenstellenanschluß mit einer jährlichen Benützungsdauer von 100 Stunden (Tarifklasse A) an. Der Anschluß wird am 20. Oktober 1906 eingerichtet. Teilnehmer N. zahlt am gleichen Tage die Gebühr bis zum 1. Januar 1907 voraus, und zwar $\frac{70}{365} \cdot 80$ = M. 15,30 (die jährliche Gebühr ist bei der gegebenen Miete von 100 Stunden zu M. 80 angenommen), am 1. Januar 1907 entrichtet der Teilnehmer N. für das I. Quartal 1907: $\frac{80}{4}$ = M. 20 usw., so lange bis durch Überlastung der Sprechstelle (Überschreitung der gemieteten Gesprächszone) der Gesprächskontrollapparat die Sprechstelle selbsttätig sperrt. Angenommen, dieser Fall trete am 14. August 1910 ein. Am 1. Juli 1910 hat der Teilnehmer N. für das III. Quartal den normalen Betrag von M. 20 entrichtet. Die Sammlerzellen des Kontrollapparates werden durch neue, frischgeladene Zellen ersetzt; dafür erwachsen dem Teilnehmer Kosten in der Höhe von M. 10 bzw. M. 15 für die Auswechslung, und zwar: M. 5 für die Auswechslung selbst und M. 5 bzw. M. 10 für 100 bzw. 200 Reservegespräche, je nachdem der Teilnehmer den Mietvertrag nach Aufleuchten der Warnlampe oder erst nach erfolgter automatischer Sperrung erneuert. Am 1. Oktober 1910 hat Teilnehmer N. an Gebühren für das III. Quartal nachzuzahlen: $\frac{20}{365} \cdot 47 + 10$ = M. 12,57 bzw. M. 17,57, wenn der Gebührenunterschied zwischen der vom Teilnehmer gemieteten Zone und der nächsthöheren Zone beispielsweise M. 20 beträgt. Für das IV. Quartal hat Teilnehmer N. entsprechend der Miete für die Tarifklasse B: $\frac{100}{4}$ = M. 25 zu zahlen.

Es erübrigt noch auf die Frage der Zuverlässigkeit in der Arbeitsweise des beschriebenen Gesprächszonenkontrollapparates näher einzugehen. Wie aus den Erörterungen über diesen Gegenstand hervorgeht, ist für das richtige Arbeiten des Apparates die Konstanz des Güteverhältnisses der chemischen Energieumformung in der Meßzelle Voraussetzung; zur Würdigung der Zuverlässigkeit der Einrichtung nach dieser Seite hin ist es wichtig, darauf zu achten, daß durch die Apparatenanordnung jederzeit sowohl die Energiezufuhr als auch die Energieentnahme nach einmal

vorgenommener Aichung für die jeweils in Betracht kommende
Tarifzone mit absolut konstanter Stromdichte erfolgt und daher
die chemischen Vorgänge, so lange die Zelle in gesundem Zustande ist, mit konstantem Wirkungsgrad der Umformung vor
sich gehen müssen; in der Tat haben Versuche, welche ich mit
dem schon beschriebenen kleinen Versuchsakkumulator auch

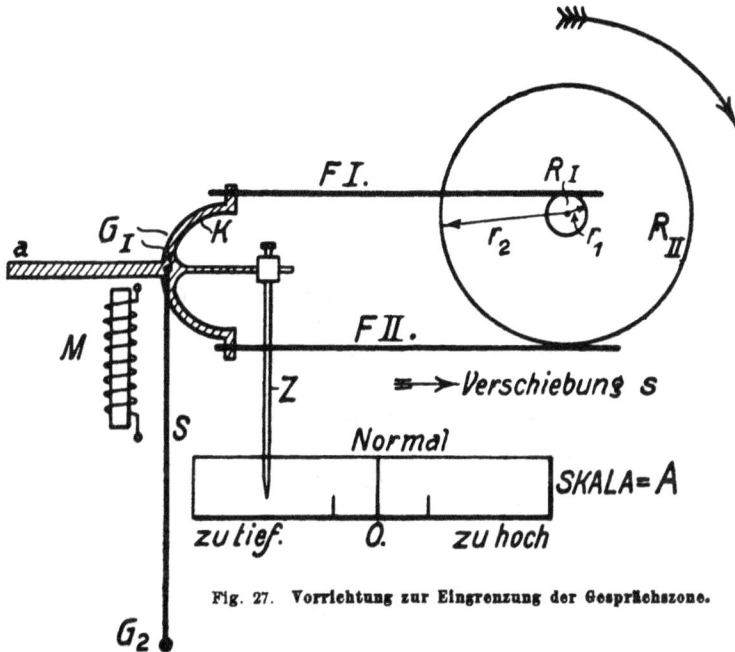

Fig. 27. Vorrichtung zur Eingrenzung der Gesprächszone.

nach dieser Richtung während einer dreijährigen Versuchszeit
vorgenommen habe, die mitgeteilte Anschauung vollständig be-
stätigt. Auf die Größe der Kapazität der Zelle selbst kommt es
aber für die Beurteilung der Arbeitsweise des Apparates gar nicht
an. Kapazitätsschwankungen in der für Sammlerzellen im Laufe
der Jahre bekannten Größe bringen lediglich eine entsprechende
Schwankung im Reservefonds der Gespräche hervor und sind,
nachdem dieser reichlich bemessen ist, praktisch belanglos.
Handelt es sich aber einmal um eine schadhafte Zelle, etwa infolge eines Mangels an der Konstruktion, so wird man durch
eine Messung im Falle der auftretenden Telephonsperre ebenso

zur Erkenntnis des wahren Falles kommen, wie beispielsweise
die Verwaltung eines Elektrizitätswerks durch Nachprüfung eines
Energieverbrauchsmessers im strittigen Falle die Frage des Sach-
verhalts klärt und dann auf Grund des Ergebnisses die Gebührenberechnung durchführt. Es bleibt jetzt noch eine Einrichtung
zu besprechen, welche die Feststellung der günstigsten Gesprächszone von Fall zu Fall ermöglicht. Dieser Apparat, der ›Zonen-
sucher‹, ist das mechanische Analogon des beschriebenen elektrischen Kontrollapparates. Auf einer durch ein Uhrwerk mit
Selbstaufzug o. dgl. langsam sich drehende Achse $a$, siehe Fig. 27
(die Achse möge pro Tag $1/4$ Umdrehung machen), sitzen zwei
Friktionsräder $R_I$ und $R_{II}$, deren Halbmesser $\frac{r_1}{r_2}$ sich wie die
Zahl der Stunden des Jahres zu der Zahl der Benutzungsstunden
verhalten.

Für die Tarifzone $A$ (100 Benützungsstunden) würde dieses
Verhältnis 87,6 : 1 sein. Während der Gesprächspausen liegt nun
auf dem Friktionsrad $R_I$ eine mittels der Führungsstange $S$ in
zwei Gelenken $G_1$ und $G_2$ gelagerte Friktionsstange $F_I$, welche
durch die Friktionsscheibe $R_I$ mitgenommen wird und in ihrer
zeitlichen Verschiebung $s$ ein Maß für die der Sprechstelle nach
Maßgabe der jeweils festgesetzten Miete zugeführte Energie gibt.
Sobald der Teilnehmer N. den Hörer vom Haken nimmt, wird
der Elektromagnet $M$ in einem Lokalstromkreis erregt auf den
Anker $a$ einen Zug ausübend, die Kulisse im Gelenk $G_1$ drehen
und die Friktionsstange $F_1$ vom Lager abheben, die Friktionsstange $F_{II}$ dagegen auf den Umfang des Rades $R_{II}$ pressen.
Jetzt beginnt die Kulisse $K$ mit beiden Friktionsstangen $F_1$ und $F_2$
sowie dem Zeiger $Z$ sich in umgekehrter Richtung zu bewegen,
und zwar mit einer im Verhältnis der Jahresstundenzahl zu der
Zahl der gemieteten Benützungsstunden erhöhten Wanderungs-
geschwindigkeit; diese Bewegung ist offenbar ein Maß für die
während des Gesprächs aus der Meßzelle entnommene Energie.
Man sieht also, daß die jeweilige Lage des Zeigers $Z$, der auf
einer Skala $A$ sich verschiebt, den Belastungszustand der Sprechstelle in jedem Augenblick erkennen läßt und damit dem Teilnehmer N. die Möglichkeit gibt, aus der mittleren Einstellung
des Zeigers im Laufe eines bestimmten Zeitraums, etwa im Laufe

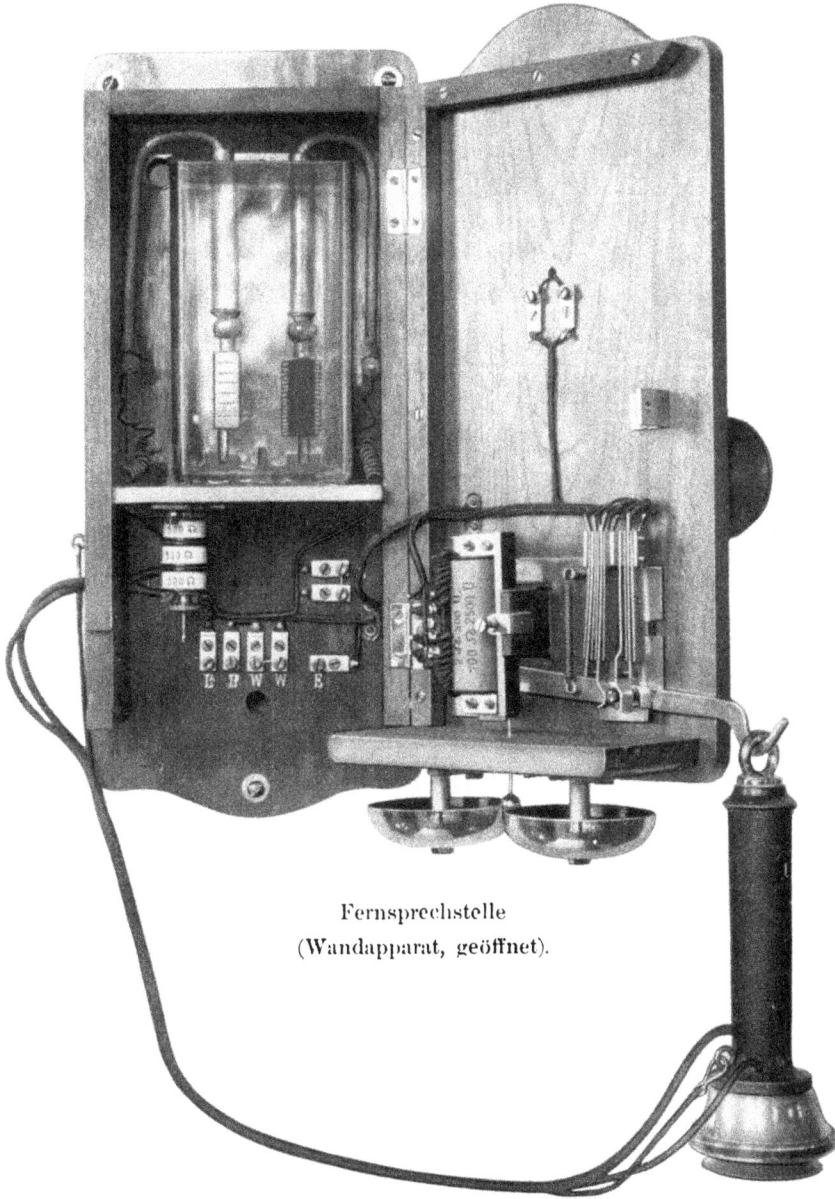

Fernsprechstelle
(Wandapparat, geöffnet).

Druck und Verlag von R. Oldenbourg, München.

einer Woche, zu ersehen, ob die eingestellte Gesprächszone zu hoch oder zu niedrig ist. Bei Inbetriebnahme des Apparates wird der Zeiger auf die Marke 0 eingestellt und dann sich selbst überlassen. Denkt man sich schließlich noch an Stelle der Skala eine senkrecht zur Zeigerbewegung rotierende Trommel mit Registrierstreifen, so zeichnet der Apparat die Belastungskurve der Sprechstelle auf, wie dies aus Fig. 28 ersichtlich ist.

Es liegt auf der Hand, daß dieser Apparat auch zur Prüfung des elektrischen Kontrollapparates als Normal dienen und aus dem Vergleich der Funktionen beider Apparate die Genauigkeit und Zuverlässigkeit der elektrischen Prüfvorrichtung studiert werden kann; denn die Bedingungen, um die Angaben des mechanischen Apparates mit den zu stellenden Anforderungen in mathematisch genaue Übereinstimmung zu bringen, sind ohne weiteres so gut zu erfüllen wie beispielsweise die Anforderungen, welche man an ein gutes Planimeter zu stellen hat.

## Kapitel 9.
### Die Einführung des automatischen Gruppenstellensystems in den praktischen Betrieb bestehender Anlagen.

(Hierzu Tafel X und XI sowie Tabelle XV, XVI und XVII.)

Die aus den vorausgegangenen Erörterungen erkannte einschneidende Rückwirkung des Selbstanschlußgruppenstellensystems auf die Elektromechanik der Handbetriebszentrale läßt natürlich den unmittelbaren Anschluß eines Selbstanschlußgruppenumschalters an die vorhandene Handbetriebszentrale praktisch nicht zu; es müßten zu diesem Zwecke durchgreifende Änderungen an den bestehenden Einrichtungen vorgenommen werden, Änderungen, die beispielsweise bei Zentralmikrophonbatterieanlagen nicht weniger als die vollständige Umkehr der prinzipiellen Vorgänge bedeuten würden. So sehr die Möglichkeit der Angliederung von Neueinrichtungen an bestehende Systeme zum Zwecke der allmählichen Einführung, die ja bei so großen Betrieben allein in Frage kommen kann, gegeben sein muß, wenn überhaupt an eine Entwicklung einer praktischen Neuerung gedacht werden können soll, so wenig ist es erforderlich, daß eine derartige Neueinrichtung gleich in der Betriebsform in die Praxis eingeführt wird, in welcher sie, wenn Rücksichten auf Vorhandenes nicht geübt werden müßten, aus Zweckmäßigkeitsgründen zur Durchführung käme. Der technische Effekt freilich muß auch bei der sich an gegebene Systeme anpassenden Betriebsform möglichst voll zum Ausdruck kommen; es darf vielmehr nur die Art des Zusammenwirkens der einzelnen Faktoren bei Mischung des vorhandenen Systems mit dem neuen System zur Erzielung des schließlichen Effekts von der Gestaltung der Einzelvorgänge bei einheitlichem System abweichen und vielgestaltiger sein als jene.

In Beachtung dieser allgemeinen Gesichtspunkte habe ich nun versucht, die Angliederung des Selbstanschlußsystems an bestehende Anlagen nach dem Zentralmikrophonbatteriesystem durchzuführen, nachdem dieses Umschaltesystem namentlich in großen Städten gegenwärtig in vollster Entwicklung begriffen ist. Die Angliederung desselben an das bestehende Einzelbatteriesystem läßt sich natürlich ähnlich ermöglichen. Die apparaten- und betriebstechnischen Grundsätze, welche bei Entwurf des vermittelnden Zwischenglieds beobachtet wurden, sind im wesentlichen folgende:

1. Unveränderte Beibehaltung der bestehenden technischen Einrichtungen und des bestehenden Betriebs an den Vielfachschränken.

2. Konzentration der durch das Gruppenstellensystem bedingten Apparateneinrichtung der Handbetriebszentrale auf einzelne, neu einzurichtende Arbeitsplätze, welche mit den Vielfachschränken und den Fernschränken des bestehenden Systems durch eine Anzahl vielfach geschalteter Verbindungsklinken nach dem Einschnursystem verbunden sind.

Aus diesen Grundsätzen für die Angliederung des automatischen Gruppenstellensystems an bestehende Umschaltsysteme folgt nun ohne weiteres die Arbeitsteilung bei Herstellung von Verbindungen mit Gruppenstellen, welche von Teilnehmern der bestehenden Zentralmikrophonbatterieanlage verlangt werden.

Die Beamtin am Vielfachschrank führt nämlich den Verbindungsstecker des Schnurpaares, mit welchem sie die Verbindung eingeleitet hat, nach Entgegennahme der Rufnummer einer Gruppenstelle, also etwa nach Mitteilung der Nr. 5020 Stelle IV in eine
freie Verbindungsklinke zum Verbindungsplatz für Gruppenstellen
und hat weiter mit der Verbindung sich bis zur Aufhebung nach
Gesprächsbeendigung nicht mehr zu befassen; die Verbindung
des rufenden Teilnehmers mit der Leitung der Gruppe 5020 sowie den Anschluß der Stelle IV an die gemeinsame Leitung 5020
besorgt vielmehr die Beamtin am Verbindungsplatz, welche er-
forderlichenfalls auf Wunsch des Teilnehmers auch die Vormerkung der Verbindung vollzieht. Sobald das Gespräch der beiden
Teilnehmer beendet ist und dieselben in der normalen Weise
ihre Hörer einhängen, erscheint am Arbeitsplatz des Vielfach-
schranks das doppelte Schlußzeichen gerade so, wie bei Gesprächsbeendigung in einer Verbindung zweier Hauptstelleninhaber. Die
Beamtin am Vielfachschrank trennt die Verbindung, worauf am
Verbindungsschrank ein Lampensignal zum Zeichen der auf-
gehobenen Verbindung erscheint und die Beamtin dort ihrer-
seits ebenfalls den Verbindungsstecker zieht. Die Einzelheiten
der Schaltungsanordnung sowie der Schalt- und Bedienungsvorgänge wollen aus den Stromlaufzeichnungen Tafel X und XI
nebst den zugehörigen Stromlaufbeschreibungen sowie aus den
Tabellen XIV, XV und XVI des Anhangs ersehen werden.

## Schlußwort.

Der vorliegende Entwurf eines Handbetriebszentralensystems
mit automatischen Unterzentralen stellt einen Versuch dar, für
die Systemfrage staatlicher Umschalteeinrichtungen eine möglichst allgemeine Lösung zu geben. Ich möchte nun aus dieser
allgemeinen Lösung einen praktisch wichtigen Spezialfall ableiten, der geeignet erscheint, die Einfachheit der Grundform
des auf der Akkumulatorenfernladung aufbauenden Umschaltesystems deutlich vor Augen zu führen und außerdem zu zeigen,
mit welch billigen Mitteln das weit verbreitete Einzelbatterie-

system mit Magnetbetrieb sich in ein Umschaltesystem umbilden läßt, das an Leistungsfähigkeit dem modernen Zentralmikrophon-batteriesystem mindestens gleichwertig, an Ökonomie mit Rück-sicht auf die Wiederverwendungsmöglichkeit der gegebenen Apparatenbestände aber überlegen ist. Ich werde zur Vorführung eines Beispiels diese Umbildung an einem von S t o c k & C o. seinerzeit erbauten größeren Klappenamte für Vielfachbetrieb vornehmen. Dabei möchte ich diese Aptierung in folgenden zwei Schritten versuchen:

1. S c h r i t t: Aptierung des Klappenamts für die Akkumu-latorenfernladung zum Zwecke des Ersatzes der Primärelemente durch rationeller und technisch vollkommener arbeitende Strom-quellen. Der Magnetbetrieb bleibe hierbei erhalten.

2. S c h r i t t: Aptierung des Klappenamtes für den automati-schen Zentralanruf und das doppelte automatische Schlußzeichen

Die beim ersten Schritt sich ergebenden Aptierungsarbeiten, welche von Fall zu Fall vorgenommen werden dürfen, da Sprech-stellen nach der bisherigen Betriebsweise und solche mit Aus-rüstung für Fernladung ohne weiteres zusammenarbeiten können, ergeben sich aus dem Vergleiche der beiden Schaltungsskizzen a und b in Fig. 29.

Parallel zu den Umwindungen der Anrufklappe bzw. zur Linienwicklung des Anrufrelais bei Glühlampensignalisierung wird eine kleine 24 voltige Signallampe, wie solche bei modernen Multiplexeinrichtungen verwendet werden, angeschaltet, die Ver-bindung der Elektromagnetwicklung mit der »b« Leitung gelöst und erstere an die Ladespannung von 24 bis 30 Volt entsprechend gesichert angeschlossen. Bei der Sprechstelle werden die Trocken-elemente gegen eine Mikrophonzelle der in Fig. 4 dargestellten Bauart ausgewechselt und letztere über einen Ballastwiderstand von etwa 2000 $\Omega$ an die »a« Leitung einerseits und an Erde andrerseits angeschlossen. Dieser Anschluß ist so vorzunehmen, daß einmal entweder beim Drehen der Induktorkurbel oder aber mittels eines besonderen Druckknopfes der Ballastwiderstand kurzgeschlossen und dann nach Aushängen des Hörers die Erd-verbindung mit der »a« Leitung gelöst wird, Maßnahmen, die sich in einfachster Weise durchführen lassen. Der Erfolg der angegebenen Schaltung läßt sich im Augenblick übersehen;

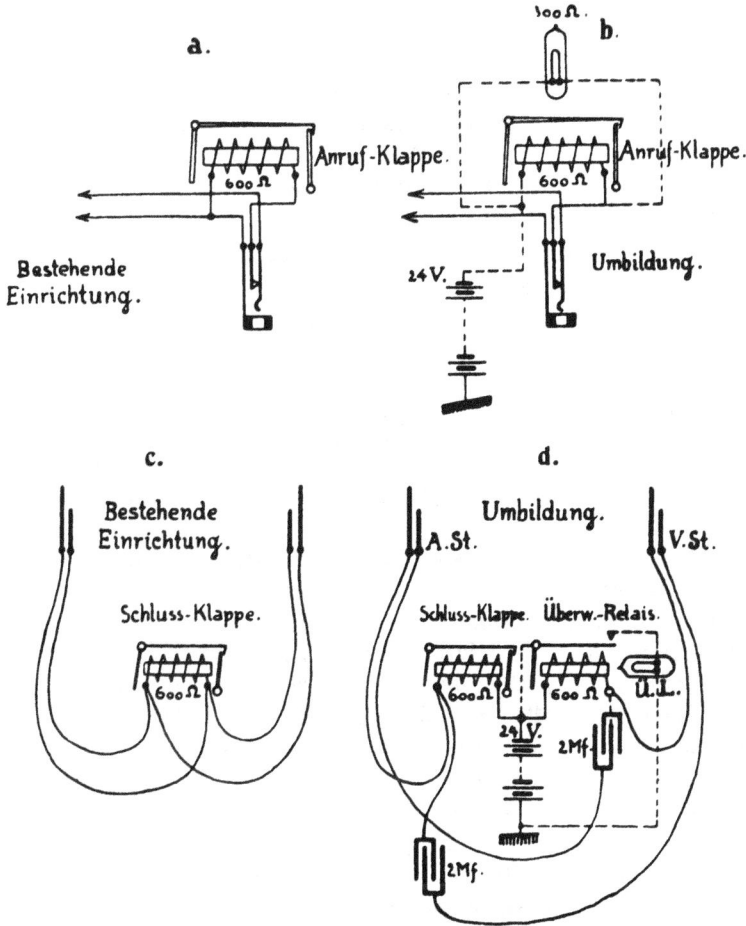

Fig. 29.

während der Ladestrom von ca. 10 Milliampere bei dem gegebenen Nebenschluß von ca. 250 $\Omega$ die Anrufklappe nicht zum
Fallen bringen kann, wird dies sofort geschehen, wenn derselbe
durch Kurzschluß des Batteriewiderstandes von 2000 $\Omega$ erheblich verstärkt die »a« Leitung durchfließt und damit ein entsprechend verstärkter Teilstrom durch die Umwindungen des
Klappenelektromagneten getrieben wird. Die Wechselspannung

des in die Schleife geschalteten Induktors wird beim Anruf nicht wirksam; dagegen bleibt für diese noch die Aufgabe, den Strom für die Schlußzeichenabgabe nach Gesprächsbeendigung zu liefern, da ja zunächst eine Schaltungsänderung im Verbindungsapparat der Zentrale nicht beabsichtigt ist. Als Stromlieferungsanlage genügt eine kleine, lediglich zur Spannungshaltung dienende Pufferbatterie mit Ladeapparat.

Die Kosten für die eben bezeichnete Aptierung berechnen sich pro Zentralanschluß ungefähr wie folgt:

1. Eine Glühlampe der für Vielfachumschalter
   üblichen Bauart mit Fassung . . . . . M. 1,50
2. Montage der Lampe inkl. Leitungsanschluß[1] » 0,50
3. Schaltungsänderung bei der Sprechstelle . . » 2,00
4. Kostenanteil für die Herstellung der Ladestromquelle . . . . . . . . . . . . » 1,00

M. 5,00.

Da nun die Stromkosten inkl. Elementenunterhaltungsbetrag bei Anwendung von Primärelementen jährlich auf ca. M. 4,00 sich beziffern, die Stromlieferungskosten inkl. Abschreibung und Verzinsung für die Mikrophonzelle bei Fernladeeinrichtungen aber nur ca. M. 1,00 ausmachen, so sind die Aptierungskosten jedenfalls innerhalb zwei Jahren abgeschrieben. Als Lebensdauer der Mikrophonzelle werden zehn Jahre angenommen. Eine Mikrophonzelle der geschilderten Konstruktion stellt sich im Massenpreis auf M. 2,00; die von mir für Studienzwecke vor mehr als drei Jahren schon zusammengestellte Zelle, welche fast ausschließlich im praktischen Betriebe verwendet war, hat heute noch den ursprünglichen Kapazitätswert; auch zeigt sich bis heute noch keine Schlammbildung durch Absonderung von Masse, so daß der Zustand derselben als durchaus einwandfrei angesehen werden muß; es scheint also gerechtfertigt, die Lebensdauer der Zelle auf zehn Jahre zu schätzen, um so mehr, als die Zelle bei dem vorliegenden Gebrauchsfalle unter Verhältnissen lebt, die sogar geeignet sind, leistungsschwach gewordene Akkumulatoren

---

[1] Bei der Kleinheit der Nebenschlußglühlampe ist deren Anbringung in unmittelbarer Nähe der Klappenelektromagnete möglich, so daß eine besondere Zuleitungskabelführung nicht in Frage kommt.

Fernsprechstelle (Tischapparat).

Druck und Verlag von R. Oldenbourg München.

wieder in guten Zustand zu bringen. Übrigens wird die Rechnung bei dem geringen Kaufpreis nicht wesentlich entstellt, wenn man meine Schätzung übertrieben findet und die Lebensdauer der Vorsicht halber auf fünf Jahre herabsetzt. Die Berücksichtigung des zweiten Schrittes führt zu der praktisch wichtigen Wirkung, daß gleichzeitig mit der Einführung des doppelten automatischen Schlußzeichens für die Herstellung von Neuanschlüssen in einer bestehenden Anlage Apparate ohne Induktor verwendet werden können und damit die Anlagekosten pro Zentralhauptanschluß um etwa M. 18,00 sich kürzen. Wie der Vergleich der Schaltungsskizzen c und d in Fig. 29 zeigt, besteht die pro Schnurpaar erforderlich werdende Aptierung für das doppelte automatische Schlußzeichen in der Hinzufügung eines Relais mit Überwachungslampe zu der bestehenden Schlußklappe und zweier Kondensatoren von je 2 Mf., welche in die »b« Leitungen von Abfrage- und Verbindungsstecker einzuschalten sind. Der Erfolg dieser Schaltung ist wieder leicht zu übersehen. Der von der Schlußzeichenbatterie S. B. ausgehende Strom gelangt, wenn die Stecker in die Klinken des Umschaltefeldes eingeführt sind, je nachdem der eine oder andere der beiden Teilnehmer den Hörer einhängt, in die eine oder andere Anschlußleitung, dabei das Überwachungsrelais bzw. den Schlußklappenelektromagneten passierend; ruft also beispielsweise Teilnehmer A an, so hat er im Augenblick der Einführung des Abfragesteckers A. St. in die Amtsklinke seine Leitung von Erde schon isoliert, die Schlußklappe bleibt also in Ruhe; dagegen wird mit Einführung des Verbindungssteckers V. St. das Überwachungsrelais ansprechen und die Überwachungslampe leuchten, bis Teilnehmer B am Apparat erscheint und den Hörer aushängt. Sobald endlich nach Gesprächsbeendigung beide Teilnehmer die Hörer einhängen, erscheint das doppelte Schlußzeichen, so daß die Signalgebung wie bei modernen Zentralmikrophonbatterieanlagen erfolgt. Die Aptierungskosten für die Signaleinrichtung stellen sich pro Schnurpaar wie folgt:

1. Ein Relais mit Überwachungslampe . . M. 7,50
2. Zwei Kondensatoren à 2 Mf. . . . . . » 5,00
3. Schaltung inkl. Arbeitslöhnen . . . . » 1,50

Sa. M. 14,00.

Auf den Anschluß treffen hiernach ca. M. 3,00 (Aptierung für die Schnüre des Fernamts mit inbegriffen).

Die Gesamtkosten bei Erhebung des bestehenden Einzelbatteriesystems mit Magnetbetrieb in die Leistungsstufe des Zentralmikrophonbatteriesystems belaufen sich also pro Anschluß auf ca. M. $5 + 3 = 8$.

Die Einsparung nach Annahme der neuen Betriebsweise beträgt dann pro Neuanschluß demnach: M. $18 - 8 = 10$ an Anlagekosten und M. 3,00 an jährlichen Betriebskosten. Aus diesen Zahlen, die die Ökonomie des beschriebenen Umbildungsverfahrens klarlegen, kann dann von Fall zu Fall das Totalergebnis der aus der Aptierung hervorgehenden finanziellen Wirkung für die bestehenden Anlagen unter Berücksichtigung der voraussichtlichen Lebensdauer abgeleitet werden. Wenn man zu diesem wirtschaftlich günstigen Ergebnis, das die Möglichkeit eines Versuchs unter gleichzeitigen Anlage- und Betriebsersparnissen gewährleistet, noch die Vorteile hinzudenkt, welche ein auf der Akkumulatorenfernladung aufbauendes System gegenüber dem Zentralmikrophonbatteriesystem aufweist — Einfachheit der Konstruktion, größte Zuverlässigkeit und Güte der Sprachübertragung bei Anwendung von Kugelmikrophonen und konstanter Lokalspannung von 2 Volt, Wegfall der lästigen knackenden Geräusche beim Schaltungswechsel im Amt, weitgehende Anpassungsfähigkeit an die Technik des automatischen Gruppenstellensystems — so wird man der Behauptung, daß das Zentralmikrophonbatteriesystem zwar elegant ist, jedoch die einfachste und für staatliche Verhältnisse zweckentsprechendste Lösung der Systemfrage bei dem heute gegebenen Leitungsbau nicht darzustellen vermag, die Zustimmung nicht versagen.

## Graphische Darstellung der Gesprächsbelastung einer Gruppenstelle.

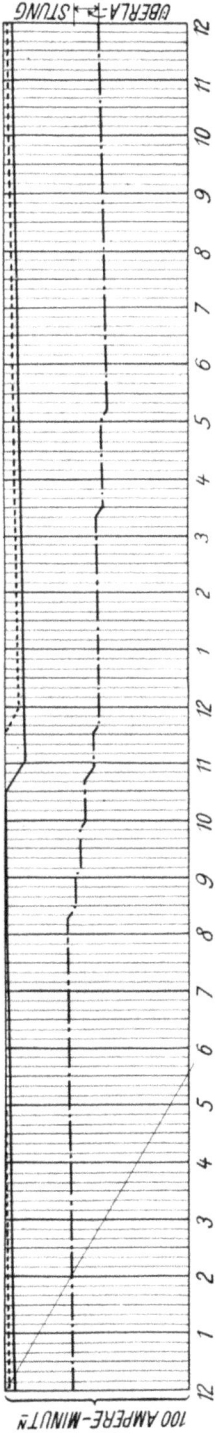

A. Tagesdiagramm bei einer Jahresmiete von 200 Stunden.

—— a) Normalfall. ······ b) Die Gesprächsbelastung bleibt unter der gemieteten Benützungsdauer.
—·—·— c) Die Gesprächsbelastung überschreitet die gemietete Benützungsdauer.

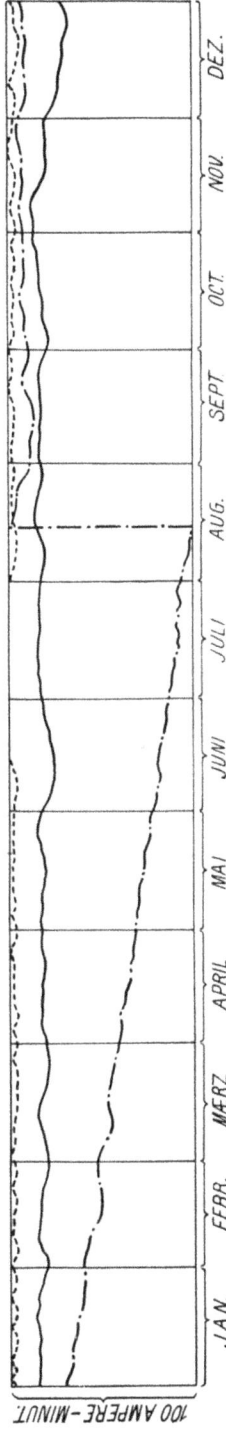

B. Jahresdiagramm bei einer Jahresmiete von 200 Stunden.

—— a) Normalfall. ······ b) Die Gesprächsbelastung bleibt unter der gemieteten Benützungsdauer.
—·—·— c) Die Gesprächsbelastung überschreitet die gemietete Benützungsdauer.

Druck und Verlag von R. Oldenbourg, München.

www.ingramcontent.com/pod-product-compliance
Lightning Source LLC
Chambersburg PA
CBHW081229190326
41458CB00016B/5730